大数据丛书

TensorFlow 强化学习快速入门指南
——使用 Python 动手搭建自学习的智能体

［美］考希克·巴拉克里希南（Kaushik Balakrishnan） 著
赵卫东 译

强化学习是一类重要的机器学习方法，在很多领域得到了成功的应用，最近几年与深度学习结合起来，进一步推动了人工智能的发展。本书首先介绍了强化学习的基本原理，然后介绍典型的强化学习算法，包括时序差分、SARSA、Q-Learning、Deep Q-network、Double DQN、竞争网络结构、Rainbow、Actor-Critic、A2C、A3C、TRPO和PPO等，每种算法基本上利用了主流的开源机器学习框架TensorFlow，使用Python编程进行实现。此外，还介绍了一些上述算法的应用。本书可以使读者快速理解强化学习的基本知识，并通过简单的案例加深对算法的理解。本书适合对强化学习感兴趣的普通高校师生以及相关专业人员阅读。

Copyright © Packt Publishing 2018

First published in the English language under the title "Deep Learning with TensorFlow-Second Edition-（9781788831109）"

Copyright in the Chinese language（simplified characters）© 2020 China Machine Prees

This title is published in China by China Machine Press with license from Packt Publishing Ltd. This edition is authorized for sale in China only, excluding Hong Kong SAR. Macao SAR and Taiwan. Unauthorized export of this edition is a violation of the Copyright Act. Violation of this Law is subject to Civil and Criminal Penalties.

本书由Packt Publishing Ltd授权机械工业出版社在中华人民共和国境内（不包括香港、澳门特别行政区及台湾地区）出版与发行。未经许可的出口，视为违反著作权法，将受法律制裁。

北京市版权局著作权合同登记　图字：01-2018-3145号。

图书在版编目（CIP）数据

TensorFlow强化学习快速入门指南：使用Python动手搭建自学习的智能体/（美）考希克·巴拉克里希南（Kaushik Balakrishnan）著；赵卫东译. —北京：机械工业出版社，2020.5
（大数据丛书）

书名原文：TensorFlow Reinforcement Learning Quick Start Guide

ISBN 978-7-111-64812-3

Ⅰ. ①T… Ⅱ. ①考… ②赵… Ⅲ. ①人工智能-算法 Ⅳ. ①TP18

中国版本图书馆CIP数据核字（2020）第030285号

机械工业出版社（北京市百万庄大街22号　邮政编码100037）
策划编辑：王　康　　责任编辑：王　康　路乙达　刘丽敏
责任校对：王　延　　封面设计：张　静
责任印制：郜　敏
北京圣夫亚美印刷有限公司印刷
2020年5月第1版第1次印刷
169mm×239mm・7.5印张・153千字
标准书号：ISBN 978-7-111-64812-3
定价：45.00元

电话服务　　　　　　　　　　网络服务
客服电话：010-88361066　　机　工　官　网：www.cmpbook.com
　　　　　010-88379833　　机　工　官　博：weibo.com/cmp1952
　　　　　010-68326294　　金　　书　　网：www.golden-book.com
封底无防伪标均为盗版　　　　机工教育服务网：www.cmpedu.com

译者序

强化学习是一类从行动中学习的机器学习方法。这种方法与其他的一些机器学习方法不同，它不需要大量的训练数据，而是通过不断与环境交互，通过一定的奖惩反馈，根据行为导致的结果来调整行为策略，实现预期累积奖励的最大化。著名的 AlphaGo 就采用了基于蒙特卡洛树的强化学习方法，战胜了人类围棋的顶级选手。此外，强化学习还在游戏、机器人控制、神经网络结构设计、医疗保健、聊天机器人等领域取得了广泛的应用。

目前，强化学习还与深度学习结合，综合了二者的优势。在发展的早期，强化学习主要依赖于组合人工设计策略和参数。而随着深度学习的快速发展，人们可以利用神经网络解决一些比较复杂的优化问题，推动了强化学习处理，这就把深度学习的感知和强化学习的决策功能结合起来了。这种结合（深度强化学习）已经成为学术界和工业界的研究热点。

鉴于强化学习在人工智能中的重要地位，已经引起了人们的广泛关注，但市场上强化学习方面的资料相对较少，且其算法理解有些难度。为此，作者编写了一本快速理解强化学习概念和常用算法的入门书籍，使读者能较快地掌握强化学习常用算法的思想精髓以及典型应用的搭建。

本书从强化学习的基本概念谈起，介绍了贝尔曼方程、同步策略算法和异步策略算法，以及无模型和基于模型的强化学习算法。然后介绍经典的时序差分、SARSA、Q-Learning、深度 Q 网络、Double DQN、竞争网络结构和 Rainbow 等强化学习算法。此外，还介绍了深度确定性策略梯度、异步的方法 A3C 和 A2C，以及 DDPG、TRPO 和 PPO 等算法。还通过相应的应用案例，借助 Python 语言和 TensorFlow 机器学习框架对上述算法进行编程实现，方便读者领会和动手实践。

本书非常适合对机器学习有一定基础的读者作为快速了解强化学习的参考书。在本书的翻译过程中，研究生袁文慧、蒲实、于召鑫、耿甲等同学也做了很多的校对工作，特表示感谢。由于译者水平有限，书中难免存在翻译不当之处，请读者批评指正。

赵卫东

2019 年 10 月于复旦大学

前　言

本书概述了几种不同的强化学习（Reinforcement Learning，RL）算法，包括算法中涉及的理论知识以及编程算法使用到的 Python 和 TensorFlow。具体而言，本书涉及的算法包括 Q-Learning、SARSA、DQN、DDPG、A3C、TRPO 和 PPO 等。使用强化学习算法的应用包括来自 OpenAI Gym 的计算机游戏和使用 TORCS 赛车模拟器的自动驾驶。

本书适用对象

本书适用于对强化学习算法感兴趣的机器学习（Machine Learning，ML）爱好者。它对机器学习工程师、数据科学家和研究生等群体很有帮助。读者需要具备机器学习的基本知识以及 Python 和 TensorFlow 的编程经验，才能成功完成本书的学习。

本书内容

第 1 章　强化学习的启动和运行，概述了强化学习的基本概念，例如智能体（agent）、环境及其之间的关系。本章还涵盖了奖励函数、折扣奖励（discounted rewards）、价值函数和优势函数（advantage functions）等内容。读者还将熟悉贝尔曼（Bellman）方程、同步策略算法和异步策略算法，以及无模型和基于模型的强化学习算法。

第 2 章　时序差分、SARSA 与 Q-Learning，介绍了时序差分、SARSA 与 Q-Learning。本章还总结了如何使用 Python 编写这些算法，并在网格世界（grid world）和悬崖徒步（cliff walking）两个经典的强化学习问题上进行训练和测试。

第 3 章　深度 Q 网络，介绍了本书的第一个深度强化学习算法 DQN。本章还讨论了如何在 Python 和 TensorFlow 中编写代码。然后该代码用于训练深度学习 agent 来玩 Atari Breakout 游戏。

第 4 章　Double DQN、竞争网络结构和 Rainbow，在第 3 章的基础上进一步扩展到 Double DQN。本章还讨论了价值函数和优势函数相关的竞争网络（dueling network）架构。这些扩展用 Python 和 TensorFlow 编码，并用于训练 RL agent 玩 Atari Breakout 游戏。最后引入谷歌的 Dopamine 代码用于训练 Rainbow DQN agent。

第 5 章　深度确定性策略梯度，介绍了本书的第一个 Actor-Critic 算法，也是第一个用于连续控制的强化学习算法。它向读者介绍策略梯度，并讨论如何使用它来训练actor（agent）的策略。本章使用Python和TensorFlow对此算法进行编程，并用其来训练agent以解决倒立摆问题。

第6章　异步的方法——A3C和A2C，介绍了A3C算法，这是一种异步强化学习算法，其中一个主处理器用来更新策略网络，而其他多个工作处理器使用它收集经验样本，应用计算策略梯度，然后传递给主处理器。在本章中，A3C还用于训练RL agent玩OpenAI Gym的CartPole和LunarLander。最后，还简要介绍了A2C。

第7章　信任区域策略优化和近端策略优化，讨论了基于策略分配比率的两种强化学习算法TRPO和PPO。本章还讨论了如何使用Python和TensorFlow编写PPO代码，并用其来训练RL agent以解决OpenAI Gym中的山地车问题。

第8章　深度强化学习在自动驾驶中的应用，介绍TORCS赛车模拟器，编写DDPG算法，训练agent自主驾驶汽车。本章的代码文件还包括针对相同TORCS问题的PPO算法，并将该算法作为读者的练习材料。

为了充分利用本书

读者应该对机器学习算法有很好的了解，例如深度神经网络、卷积神经网络、随机梯度下降和Adam优化。读者还应具备Python和TensorFlow的动手编程经验。

下载示例代码文件

读者可以通过www.packt.com网站上的账户下载本书的示例代码文件。如果在其他地方购买了本书，可以访问www.packt.com/support并注册，作者将通过电子邮件直接将文件发送给读者。

读者可以按照以下步骤下载代码文件：

1. 登录或注册www.packt.com。
2. 选择SUPPORT选项卡。
3. 单击Code Downloads & Errata。
4. 在"搜索"框中输入图书的名称，然后按照屏幕说明进行操作。

下载文件后，请确保使用最新版本解压缩或提取文件夹：

- WinRAR / 7-Zip for Windows
- Zipeg / iZip / UnRarX for Mac
- 7-Zip / PeaZip for Linux

本书的代码包也托管在GitHub上：https://github.com/PacktPublishing/TensorFlow-Reinforcement-Learning-Quick-Start-Guide。如果代码有更新，作者将在现有的GitHub库上更新。

作者还提供了其他代码包，这些代码包来自作者丰富的书籍和视频目录，可通过https://github.com/PacktPublishing/获得。欢迎读者使用！

下载彩色图像

作者还提供了一个 PDF 文件,其中包含本书中使用的屏幕截图 / 图表的彩色图像。读者可以在这里下载:

http://www.packtpub.com/sites/default/files/downloads/9781789533583_ColorImages.pdf

使用约定

本书中使用了许多文本约定。

CodeInText:表示文本、数据库表名、文件夹名、文件名、文件扩展名、路径名、虚拟 URL、用户输入和 Twitter 句柄中的代码字。下面是一个示例:"将下载的 WebStorm-10*.dmg 磁盘映像文件装入(mount)系统中的另一个磁盘。"

代码如下:

```
import numpy as np
import sys
import matplotlib.pyplot as plt
```

当作者希望引起读者对代码块特定部分的注意时,相关的行或项目以粗体显示:

```
def random_action():
    # a = 0 : top/north
    # a = 1 : right/east
    # a = 2 : bottom/south
    # a = 3 : left/west
    a = np.random.randint(nact)
    return a
```

任何命令行输入或输出如下所示:

```
sudo apt-get install python-numpy python-scipy python-matplotlib
```

粗体:表示新术语,重要单词或读者在屏幕上看到的单词。例如,菜单或对话框中的单词会出现在文本中。下面是一个示例:"从**管理**面板中选择**系统信息**"。

警告或重要说明。

提示和技巧。

联系作者

欢迎来自读者的反馈。

一般反馈：如果对本书的任何方面有疑问，请在邮件主题中提及书的章节，并发送电子邮件至 customercare@packtpub.com。

勘误表：虽然作者已尽力确保内容的准确性，但还是会发生错误。作者非常感谢在本书中发现错误并向作者反馈的读者。请访问 www.packt.com/submit-errata，选择图书，单击勘误表提交表格链接，然后输入详细信息。

盗版：如果读者在互联网上以任何形式发现与本作品有关的任何非法副本，请向作者提供位置地址或网站名称，作者将不胜感激。请通过 copyright@packt.com 与作者联系，并提供相关材料的链接。

如果有兴趣成为作者：如果读者对于某个领域有专业知识，并且有兴趣撰写此方面的书籍，请访问 authors.packtpub.com。

评价

请留下评论。阅读并使用本书后，请在购买的网站上留下评论。潜在的读者可以查看并使用读者公正的意见来做出购买决定，作者可以在网站上了解读者对本书的看法，作者可以看到读者对本书的反馈。谢谢！

有关 Packt 的更多信息，请访问 packt.com。

目 录

译者序
前 言

第1章 强化学习的启动和运行 // 1

1.1 为何选择强化学习 // 1

阐述强化学习问题 // 2

1.2 agent 及其环境之间的关系 // 3

1.2.1 定义 agent 的状态 // 3

1.2.2 定义 agent 的行为 // 3

1.2.3 了解策略、价值函数和优势函数 // 4

1.3 认识回合 // 5

1.4 认识奖励函数和折扣奖励 // 5

奖励 // 6

1.5 学习马尔可夫决策过程 // 6

1.6 定义贝尔曼方程 // 7

1.7 同步策略与异步策略学习 // 7

1.7.1 同步策略方法 // 7

1.7.2 异步策略方法 // 8

1.8 无模型训练和基于模型训练 // 8

1.9 本书中涉及的算法 // 8

总结 // 9

思考题 // 9

扩展阅读 // 9

第2章 时序差分、SARSA 与 Q-Learning // 10

2.1 技术需求 // 10

2.2 理解 TD 学习 // 10

价值函数与状态之间的关系 // 11

2.3 理解 SARSA 与 Q-Learning // 11

2.3.1　学习 SARSA // 12

　　2.3.2　理解 Q-Learning // 12

2.4　悬崖徒步与网格世界问题 // 12

　　2.4.1　SARSA 下的悬崖徒步 // 13

　　2.4.2　Q-Learning 下的悬崖徒步 // 18

　　2.4.3　SARSA 下的网格世界 // 20

总结 // 22

扩展阅读 // 22

第 3 章　深度 Q 网络 // 23

3.1　技术需求 // 23

3.2　学习 DQN 原理 // 23

3.3　理解目标网络 // 24

3.4　了解重放缓冲区 // 25

3.5　Atari 环境介绍 // 25

　　3.5.1　Atari 游戏概述 // 26

　　3.5.2　用 TensorFlow 编写 DQN // 27

3.6　验证 DQN 在 Atari Breakout 上的性能 // 39

总结 // 40

思考题 // 40

扩展阅读 // 41

第 4 章　Double DQN、竞争网络结构和 Rainbow // 42

4.1　技术需求 // 42

4.2　了解 Double DQN // 43

　　4.2.1　编写 DDQN 并训练解决 Atari Breakout 问题 // 43

　　4.2.2　在 Atari Breakout 问题中评估 DDQN 的性能 // 44

4.3　理解竞争网络结构 // 45

　　4.3.1　编写竞争网络结构并训练其解决 Atari Breakout 问题 // 47

　　4.3.2　在 Atari Breakout 中评估竞争网络结构的性能 // 48

4.4　了解 Rainbow 网络 // 49

　　DQN 改进 // 50

4.5　在 Dopamine 上运行 Rainbow 网络 // 50

IX

使用 Dopamine 运行 Rainbow // 52

总结 // 53

思考题 // 53

扩展阅读 // 53

第 5 章　深度确定性策略梯度 // 55

5.1　技术需求 // 55

5.2　Actor-Critic 算法和策略梯度 // 56

　策略梯度 // 56

5.3　深度确定性策略梯度 // 56

　5.3.1　编写 ddpg.py // 57

　5.3.2　编写 AandC.py // 59

　5.3.3　编写 TrainOrTest.py // 64

　5.3.4　编写 replay_buffer.py // 67

5.4　在 Pendulum-v0 中训练和测试 DDPG // 68

总结 // 69

思考题 // 70

扩展阅读 // 70

第 6 章　异步的方法——A3C 和 A2C // 71

6.1　技术需求 // 71

6.2　A3C 算法 // 71

　6.2.1　损失函数 // 72

　6.2.2　CartPole and LunarLander // 72

6.3　A3C 算法在 CartPole 中的应用 // 73

　6.3.1　编写 cartpole.py // 73

　6.3.2　编写 a3c.py // 75

　6.3.3　Worker 类 // 77

　6.3.4　编写 utils.py // 80

　6.3.5　CartPole 训练 // 81

6.4　A3C 算法在 LunarLander 中的应用 // 82

　6.4.1　编写 lunar.py // 82

6.4.2　在 LunarLander 上训练 // 82

6.5　A2C 算法 // 83

总结 // 83

思考题 // 84

扩展阅读 // 84

第 7 章　信任区域策略优化和近端策略优化 // 85

7.1　技术需求 // 85

7.2　学习 TRPO // 85

　　TRPO 方程 // 86

7.3　学习 PPO // 86

　　PPO 损失函数 // 86

7.4　使用 PPO 解决 Mountain Car 问题 // 87

　　7.4.1　编写 class_ppo.py // 87

　　7.4.2　编写 train_test.py // 91

7.5　评估性能 // 95

7.6　马力全开 // 95

7.7　随机发力 // 96

总结 // 97

思考题 // 97

扩展阅读 // 97

第 8 章　深度强化学习在自动驾驶中的应用 // 98

8.1　技术需求 // 98

8.2　汽车驾驶模拟器 // 99

8.3　学习使用 TORCS // 99

　　8.3.1　状态空间 // 100

　　8.3.2　支持文件 // 100

8.4　训练 DDPG agent 来学习驾驶 // 101

　　8.4.1　编写 ddpg.py // 101

　　8.4.2　编写 AandC.py // 101

　　8.4.3　编写 TrainOrTest.py // 102

XI

8.5 训练 PPO agent // 104

总结 // 104

思考题 // 105

扩展阅读 // 105

附录　思考题答案 // 106

第 1 章
强化学习的启动和运行

本书将介绍深度**强化学习**（Reinforcement Learning，RL）中的有趣主题，包括广泛使用的算法，并且还将提供 TensorFlow 代码来帮助读者使用深度强化学习算法解决具有挑战性的问题。一些强化学习的基本知识将帮助读者掌握本书中涉及的高级主题，同时本书以机器学习从业者可以掌握的简单语言解释这些主题。本书选择的语言是 Python，使用的深度学习框架是 TensorFlow，我们希望读者对这两者有一定的了解。如果不理解它们，有几本 Packt 出版的书籍涵盖了这些主题。本书将介绍几种不同的强化学习算法，例如深度 Q 网络（Deep Q-Network，DQN）、深度确定性策略梯度（Deep Deterministic Policy Gradient，DDPG）、信任区域策略优化（Trust Region Policy Optimization，TRPO）和近端策略优化（Proximal Policy Optimization，PPO）等。让读者可以深入了解强化学习。

本章将深入研究强化学习的基本概念。将学习强化学习术语的含义，它们之间的数学关系，以及如何在强化学习问题中使用它们来训练一个 agent。这些概念将为读者在后续的章节中学习什么是强化学习算法，以及如何将强化学习应用于训练 agent 奠定基础。祝各位读者学习愉快！

本章将涉及的一些主要主题如下：
- 阐述强化学习问题
- 理解 agent 和环境是什么
- 定义贝尔曼（Bellman）方程
- 同步策略（on-policy）与异步策略（off-policy）学习
- 无模型与基于模型的训练

1.1 为何选择强化学习

强化学习是机器学习的子领域，其中学习是通过试错的方法进行的。这与其他机器学习策略不同，例如：
- **监督学习**：目标是学习如何拟合给定标记数据的模型分布。
- **无监督学习**：目标是在给定数据集中找到固有的模式，例如聚类。

强化学习是一种强大的学习方法，因为不需要标记数据。当然，前提是读者可以掌握强化学习中使用的试探学习方法。

虽然强化学习已经存在了三十多年，但近年来，随着在强化学习中使用深度学习来成功解决现实问题，该领域又获得了新的生命力，其中深度神经网络被用于做出决策。强化学习与深度学习的结合通常被称为深度强化学习，这是本书讨论的主要内容。

深度强化学习已被研究人员成功应用于视频游戏、自动驾驶汽车、工业机器人拾取物品、交易员投资组合投注、医疗保健等领域。2016 年，Google DeepMind 团队构建了 AlphaGo，这是一个基于强化学习的系统，可以下围棋，并轻松地击败人类围棋冠军。OpenAI 构建了另一个在 DOTA 游戏中击败人类的系统。这些示例演示了强化学习在实际生活中的应用。人们普遍认为，这个领域前途广泛，因为可以训练神经网络进行预测，而不需要提供标记数据。

现在，让我们深入研究强化学习问题。我们将比较强化学习与蹒跚学步的孩子本质上的相似之处。

阐述强化学习问题

需要解决的基本问题是如何训练在没有任何标记数据的情况下，预测某些预定义任务的模型。这是通过试错法实现的，类似于宝宝第一次学习走路。一个好奇的、想要探索周围世界的婴儿，首先爬出婴儿床，但是不知道去哪里或做什么。最初，他们步子迈得很小，常犯错误，不停摔倒在地并哭泣。但是，经过许多这样的尝试之后，他们开始独自站立起来，这让父母非常欣慰。然后，随着信心的巨大飞跃，他们开始慢慢地、谨慎地采取较大的步子。尽管他们仍然会犯错误，但比以前少了很多。

经过更多这样的尝试和失败后，他们拥有了更大的信心。随着时间的推移，他们的步子会变得更长更快，直到最终，他们开始学会跑步。这就是他们从婴儿成长为孩子的过程。学走路的时候有没有带标签的数据提供给他们？没有，他们通过试错法来学习，在整个过程中不停犯错误然后从中学习，并在每次尝试中都获得微小的提升。这就是强化学习如何工作——通过试错法来学习。

基于前面的例子，下面介绍另一种情况，如何做到使用试错法训练机器人。最初让机器人在环境中随机游走，收集好的和不良的行为，并使用奖励函数来量化它们。在一种状态下所做的良好的行为将获得高的奖励，而不良行为将受到惩罚。这可以用作机器人改善自身的学习信号。经过许多这样的试错事件后，机器人将根据奖励学会在给定状态下执行最佳动作，这就是强化学习的方式。但是我们不会在本书的其余部分讨论人类角色。前文描述的孩子是 agent（智能体），他们的周围对应强化学习中的环境。agent 与环境交互，并在此过程中学习执行任务，环境将为其提供奖励。

1.2 agent 及其环境之间的关系

在最基本的层面上，强化学习涉及 agent 和环境。agent 是具有某些目标的人工智能实体，对可能妨碍目标的事情保持警惕，同时追求有助于实现目标的事物。环境是 agent 可以与之交互的一切。下面用一个涉及工业移动机器人的例子来进一步解释。

在用于工厂内导航的工业移动机器人的装置中，机器人是 agent，工厂是对应环境。

机器人具有某些预定目标。例如，在不与墙壁或其他机器人之类的障碍物碰撞的条件下，将货物从工厂的一侧移动到另一侧。环境是机器人可以导航的区域，包括可以进入的所有位置，包括可能撞到的障碍物。因此，机器人的主要任务，或者更准确地说，agent 的任务是探索环境，了解它所采取的行动如何影响其得到的奖励，了解可能导致失败或灾难性崩溃的障碍，然后掌握最大化目标的技能，并随着时间的推移改善其性能。

在此过程中，agent 不可避免地要与环境进行交互，这对某些任务相关的 agent 可能是有益的，但对于其他任务相关的 agent 不利。因此，agent 必须了解环境将如何响应所采取的操作。这是一种试错的学习方法，只有经过多次试验后，agent 才能了解环境如何响应其决策。

下面介绍 agent 的状态空间以及 agent 为探索环境所执行的操作。

1.2.1 定义 agent 的状态

在强化学习的概念中，状态表示 agent 的当前状况。例如，在先前的工业移动机器人 agent 案例中，给定时间的状态是机器人在工厂内的位置——它所在的坐标、方向，或者更确切地说，机器人的姿势。对于具有关节和效应器的机器人，状态还可以包括三维空间中关节和效应器的精确位置。对于自动驾驶汽车，其状态可以表示速度、地图上的位置、到其他障碍物的距离、车轮上的扭矩以及发动机的转速等。

通常从现实世界中的传感器推断出状态，例如，来自里程表、激光雷达（LIDARS）、雷达和相机的测量。状态可以是实数或整数的一维矢量，也可以是二维图像，甚至更高维，例如三维像素（voxels）。对状态没有确切的限制，状态只代表 agent 的当前状况。

在有关强化学习的参考文献中，状态通常表示为 s_t，其中下标 t 用于表示对应状态的时间。

1.2.2 定义 agent 的行为

agent 执行行为（动作）以探索环境。获取动作矢量是强化学习的主要目标。理想情况下，需要努力获得最佳行为。

操作是 agent 在特定状态 s_t 下所采取的决策。通常，它表示为 a_t，其中，如上文所述，下标 t 表示时间。agent 可使用的操作取决于问题。例如，迷宫中的 agent 可以决定向北或南或东或西迈出一步，它们被称为**离散动作**，因为存在固定数量的可能性。而对于自动驾驶汽车，操作可以是转向角、节流阀值（throttle values）和制动值等，它们被称为**连续动作**，因为它们可以在有界范围内取实数值。例如，转向角可以是南北线 40°，节气门可以是 60% 等。

因此，取决于当前的问题，a_t 可以是离散的或连续的。一些强化学习方法擅长处理离散动作，而其他方法适合于处理连续动作。

agent 与环境交互示意图如图 1.1 所示。

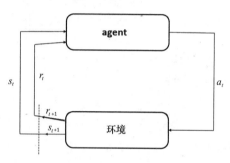

图 1.1　agent 与环境交互示意图

现在已知 agent 的内涵，下面将继续研究 agent 学习的策略、价值函数和优势函数，以及如何在强化学习中使用这些量。

1.2.3　了解策略、价值函数和优势函数

策略定义了 agent 在给定状态下的行为准则。在数学术语中，策略是从 agent 的状态到其在该状态下要采取的行为的映射。这就像 agent 在学习探索环境时所遵循的刺激响应规则。在强化学习相关参考文献中，它通常表示为 $\pi(a_t \mid s_t)$。也就是说，它是在给定状态 s_t 中采取动作 a_t 的条件概率分布。策略可以是确定性的，其中 a_t 的具体数值在 s_t 处是已知的，或者如果是从分布中采样的——通常为高斯分布，a_t 可以是随机的，也可以满足其他任何概率分布。

在强化学习中，**价值函数**用于定义 agent 的状态好坏。状态 s 处的价值函数表示为 $V(s)$，表示处于该状态的长期平均期望奖励。$V(s)$ 由以下表达式给出，其中 E 表示对样本的期望：

$$V(s) = E[R_t | s_t = s] = E\left[\sum_{k=0}^{T} \gamma^k r_{t+k+1} \,\middle|\, s_t = s\right]$$

请注意，$V(s)$ 并不关心 agent 在状态 s 下需要采取的最佳操作。相反，它是状态好坏的度量。那么，agent 如何能得出在 t 时间给定状态 s_t 下的最佳行动 a_t 呢？

为此，还可以定义由以下表达式给出的动作-价值函数：

$$Q(s,a) = E[R_t | s_t = s, a_t = a] = E\left[\sum_{k=0}^{T} \gamma^k r_{t+k+1} | s_t = s, a_t = a\right]$$

请注意，$Q(s,a)$用来度量在状态s中采取行动a的好坏程度，并在其后遵循相同的策略。因此，它与$V(s)$不同，$V(s)$是用来度量给定状态的好坏程度。在下面的章节中会介绍如何使用价值函数在强化学习背景中训练agent。

优势函数定义如下：

$$A(s,a) = Q(s,a) - V(s)$$

众所周知，这种优势函数可以减少策略梯度的变化，将在后续的章节中进行深入讨论。

经典的强化学习教科书是 Reinforcement Learning：An Introduction by Richard S Sutton and Andrew G Barto, The MIT Press, 1998.

下面定义回合（episode）及其在强化学习上下文中的重要性。

1.3 认识回合

前文提到，agent在学习最大化目标之前，会反复试错，探索环境。每个从开始到结束这样的试验被称为一个回合（episode）。起始位置可能不同，同样，回合的结束或结尾也可能是预期或非预期的结果。

当agent完成其预定目标时，可以得到一个好的结果，例如该目标可以成功导航移动机器人到达最终目的地，或者成功地拾取钉子，并将其放置在工业机器人手臂的孔中等。回合也可能有一个不好的结果，agent撞到障碍物或陷入迷宫，无法摆脱它。

在许多强化学习问题中，通常规定时间步长的上限值来终止回合，尽管在其他情况下，不存在这样的限制，并且该回合可以持续很长时间，回合在完成目标、撞到障碍物、从悬崖上坠落或类似的时候结束。旅行者号航天器是由美国国家航空航天局于1977年发射，并且已经在太阳系外部旅行——这是一个无限时间回合的例子。

接下来介绍奖励函数以及为什么需要折扣未来的奖励。这个奖励函数是关键，因为它是agent学习的标志。

1.4 认识奖励函数和折扣奖励

强化学习中的奖励与现实世界的奖励没有什么不同——我们都因为表现良好而获得了奖励，而对于欠佳的表现则获得了不好的反馈（又称惩罚）。环境提供奖励功能，以指导agent在探索环境时进行学习。具体而言，它是衡量agent执行情况好坏的指标。

奖励函数定义了 agent 可能碰到的有利和不利情境。例如，达到目标的移动机器人会得到奖励，但撞到障碍物则受到惩罚。同样，工业机器人手臂将钉子钉入孔中会获得奖励，但是由于不正确的姿势而导致破裂或碰撞可能会造成灾难性的后果，因而会受到惩罚。奖励功能是 agent 关于什么是最佳和什么不是最佳的信号。agent 的长期目标是最大限度地获得高的奖励，并最大限度地减少惩罚。

奖励

在强化学习相关的参考文献中，时间 t 的奖励通常表示为 R_t。因此，在一个回合中获得的总奖励由 $R=r_1+r_2+\cdots+r_t$ 给出，其中 t 是一个回合的长度（可以是有限的或无限的）。

通常在强化学习中使用折扣的概念，折扣系数通常由 γ 表示，$0 \leq \gamma \leq 1$，其幂乘以 r_t。$\gamma=0$，使 agent 目光短浅，只针对眼前的奖励。$\gamma=1$，使 agent 目光长远，考虑到它完成最终目标的程度。因此，0~1 范围内的 γ 值（不包括 0 和 1）用于确保 agent 既不会目光过于短浅，也不会太有远见。γ 确保 agent 对其行为进行优先排序，以便在时间 t 最大化总折扣奖励 R_t，具体公式如下：

$$R_t = \sum_{k=t}^{T} \gamma^{(k-t)} r_k(s_k, a_k)$$

由于 $0 \leq \gamma \leq 1$，对未来的奖励远低于 agent 在不久的将来可以获得的奖励。这有助于 agent 不浪费时间，并优先处理其操作。实际上，大多数强化学习问题通常取 $\gamma=0.9$~0.99。

1.5 学习马尔可夫决策过程

马尔可夫性质广泛用于强化学习，它表明环境在时间 $t+1$ 的响应仅取决于时间 t 的状态和动作。换句话说，最近的未来只取决于现在，而不是过去。这是一个有用的性质，可以大大简化数学运算，并广泛应用于强化学习和机器人等许多领域。

考虑一个系统，通过采取动作 a_0，并接收奖励 r_1，从状态 s_0 转换到状态 s_1；然后采取动作 a_1，从状态 s_1 转换到状态 s_2；依此类推，直到时间 t。如果在时间 $t+1$ 处于状态 s' 的概率可以用下面的数学函数表示，那么可以认为系统遵循马尔可夫性质：

$$Pr(s_{t+1}=s', r_{t+1}=r \mid s_t, a_t, r_t, s_{t-1}, a_{t-1}, \cdots, r_1, s_0, a_0)$$
$$= Pr(s_{t+1}=s', r_{t+1}=r \mid s_t, a_t)$$

注意，处于状态 s_{t+1} 的概率仅取决于 s_t 和 a_t，而不取决于过去。满足以下状态转换属性和奖励函数的环境被称为**马尔可夫决策过程**（Markov Decision Process，

MDP）：

$$P_{ss'}=Pr[s_{t+1}=s' \mid s_t=s, a_t=a]$$
$$R_{ss'}=R[r_{t+1} \mid s_t=s, a_t=a, s_{t+1}=s']$$

下面定义强化学习的基础——贝尔曼方程。该方程将帮助我们获得价值函数的迭代解决方案。

1.6 定义贝尔曼方程

以伟大的计算机科学家和应用数学家 Richard E. Bellman 命名的贝尔曼（Bellman）方程是与动态规划相关的最优条件。在强化学习中，它被广泛用于更新 agent 的策略。

定义以下两个量：

$$P_{ss'}=Pr(s_{t+1}=s' \mid s_t=s, a_t=a)$$
$$R_{ss'}=E[r_{t+1} \mid s_t=s, s_{t+1}=s', a_t=a]$$

其中，$P_{ss'}$ 是从状态 s 到新状态 s' 的转换概率；$R_{ss'}$ 是 agent 采取行动 a，从状态 s 转移到新状态 s' 获得的预期奖励。请注意，我们已经假设 MDP 属性，即在时间 $t+1$ 的状态仅取决于时间 t 的状态和动作。Bellman 方程是递归关系，并且分别由以下的价值函数和动作 - 价值函数给出：

$$V(s) = \sum_a \pi(s,a) \sum_{s'} P_{ss'}[R_{ss'} + \gamma V(s')]$$
$$Q(s,a) = \sum_{s'} P_{ss'}\left[R_{ss'} + \gamma \sum_{a'} \pi(s',a') Q(s',a')\right]$$

注意，Bellman 方程表示某个状态下的价值函数 V，并且作为其他状态下的价值函数的函数；对于动作 - 价值函数 Q 亦然。

1.7 同步策略与异步策略学习

强化学习算法可以分为同步策略与异步策略。下面学习这两个大类以及如何区分给定的强化学习算法属于哪一类。

1.7.1 同步策略方法

同步策略方法使用相同的策略进行评估，从而对操作做出决策。同步策略算法通常没有缓冲区，一般经验是在原地训练模型，将 agent 从时间 t 的状态移动到时间 $t+1$ 的状态的相同策略用来评估性能的好坏。例如，机器人在给定状态下探索世界，如果它使用当前策略来确定目前所采取的行为的好坏，那么它就是一个同步策略算法。当前策略也用于评估其行为。本书介绍的同步策略算法有 SARSA、A3C、TRPO 和 PPO。

1.7.2 异步策略方法

异步策略方法使用不同的策略来制定行动决策并评估绩效。例如，许多异步策略算法使用重（回）放缓冲区来存储经验，并从重放缓冲区中采样数据以训练模型。在训练步骤中，随机抽取一小批经验数据并用于训练策略和价值函数。回到上一个机器人示例，在异步策略设置中，机器人不会使用当前策略来评估其性能，而是使用不同的策略进行探索和评估。如果使用缓冲区对一小批经验数据进行采样然后训练 agent，则它是异步策略学习，因为机器人的当前策略（用于获取即时动作）与用于获取训练 agent 的小批量经验中样本的策略不同（因为策略已从收集数据的较早时刻变为当前时刻）。DQN、DDQN 和 DDPG 是异步策略算法，将在本书后续的章节中介绍。

1.8 无模型训练和基于模型训练

不用学习环境模型的强化学习算法称为无模型算法。相反，如果构建环境模型，则称为基于模型算法。通常，如果使用价值函数（V）或动作-价值函数（Q）来评估性能，则它们被称为无模型算法，因为没有使用特定的环境模型。而如果你构建了环境如何从一种状态转换到另一种状态的模型，或者确定 agent 将通过模型从环境获得多少奖励，那么它们被称为基于模型算法。

在上述的无模型算法中，不构建环境模型。因此，agent 必须在一种状态下采取行动，以确定它是否是一种好的选择。在基于模型的强化学习中，需要学习环境的近似模型；要么与策略共同学习，要么预先学习。这种环境模型用于制定决策以及训练策略。本书后续章节将进一步学习这两种强化学习算法。

1.9 本书中涉及的算法

第 2 章研究两种强化学习算法：Q-Learning 和 SARSA。这两种算法都是基于表格的，不需要使用神经网络，因此使用 Python 和 NumPy 对其进行编程。第 3 章介绍 DQN，并使用 TensorFlow 为本书的其余部分编写 agent 代码。然后，我们将训练它玩 Atari Breakout 游戏。第 4 章介绍 Double DQN、竞争网络结构和 Rainbow。第 5 章研究称为 DDPG 的第一个 Actor-Critic RL 算法，了解策略梯度并将其应用于连续动作问题。第 6 章研究 A3C，这是另一个使用主控器和多个工作进程的强化学习算法。第 7 章研究另外两种强化学习算法：TRPO 和 PPO。最后，第 8 章应用 DDPG 和 PPO 来训练 agent 自动驾驶汽车。从第 3 章到第 8 章均使用 TensorFlow agent。希望读者在本书的学习中获得乐趣。

总结

本章介绍了强化学习的基本概念，理解了 agent 与环境之间的关系，还学习了马尔可夫决策过程（MDP）。同时学习了奖励函数的概念和折扣奖励的使用，以及价值函数和优势函数的概念。此外，还介绍了 Bellman 方程及其在强化学习中的用法，以及同步策略算法和异步策略算法之间的区别。另外，还研究了无模型和基于模型的强化学习算法之间的区别。所有这些知识都为深入研究强化学习算法以及如何使用它们训练给定任务的 agent 奠定了基础。

在下一章中，将研究两种强化学习算法：Q-Learning 和 SARSA。请注意，在第 2 章使用基于 Python 的 agent，因为它们属于表格型学习（tabular-learning）。但是从第 3 章开始，则使用 TensorFlow 来编码深度 RL agent，因为我们需要神经网络。

思考题

1. 对于同步策略或异步策略的强化学习算法是否需要重放缓冲区？
2. 为什么需要折扣奖励？
3. 如果折扣系数 $\gamma > 1$，将会发生什么？
4. 既然有环境状态模型，那么基于模型的 RL agent 是否总是比没有模型的 RLagent 表现更好？
5. 强化学习和深度强化学习有什么区别？

扩展阅读

- Reinforcement Learning: An Introduction, Richard S. Sutton and Andrew G. Barto, The MIT Press, 1998
- Deep Reinforcement Learning Hands-On, Maxim Lapan, Packt Publishing, 2018: https://www.packtpub.com/big-data-and-business-intelligence/deepreinforcement-learning-hands

第 2 章 时序差分、SARSA 与 Q-Learning

第 1 章介绍了强化学习的基础知识。本章将介绍在深度强化学习普及之前强化学习中广泛使用的算法，包括时序差分（Temporal Difference，TD）、SARSA 与 Q-Learning。如果想精通强化学习，理解这些老一代的算法至关重要，这也将为深入研究强化学习奠定基础。因此，本章介绍使用这些老一代算法的示例，并使用 Python 对其中一些算法进行编程。本章不会使用 TensorFlow，因为这些问题不涉及任何深度神经网络。本章将为我们在后续章节中讨论更高级的主题奠定基础，同时也将是我们第一次编写强化学习算法。具体而言，本章是第一次深入介绍标准的强化学习算法，以及如何使用这些算法为特定的任务训练 RL agent。也是对强化学习的第一次动手操作，包括理论和实践。

本章涉及的一些主题如下：
- 理解 TD 学习
- 学习 SARSA
- 理解 Q-Learning
- SARSA and Q-Learning 下的悬崖徒步（cliff walking）
- SARSA 下的网格世界

2.1 技术需求

了解以下内容有助于读者更好地理解本章中介绍的概念：
- Python（版本 2 或 3）
- NumPy
- TensorFlow（版本 1.4 或以上）

2.2 理解 TD 学习

TD 学习强化学习中非常基础的概念。在 TD 学习中，agent 的学习是通过经验来实现的。在环境下进行多次尝试，积累奖励（reward）用于更新价值函数。具体而言，agent 将在遇到新的状态或动作时保持对状态－动作价值函数的更新。贝尔曼（Bellman）方程用于更新状态-动作价值函数，目标是最小化 TD 误差。这实质上意味着 agent 正在降低其在给定状态下哪种动作是最佳动作时的不确定性，其通过降低 TD 误差来获取在给定状态下的最佳动作的置信度。

价值函数与状态之间的关系

价值函数是 agent 对给定状态好坏程度的估计。例如，如果机器人靠近悬崖边缘，并且可能坠崖，那么该状态是糟糕的，并且必须赋予较低的值。而如果机器人或 agent 接近其最终目标，那么该状态是一个良好的状态，因为它们很快将获得很高的奖励，因此该状态对应更高的值。

价值函数 V 在到达 s_t 状态，并从环境接收 r_t 奖励后更新。最简单的 TD 学习算法是 $TD(0)$，并使用下面的等式进行更新：

$$V(s_t) := V(s_t) + \alpha[r_{t+1}+\gamma V(s_{t+1})-V(s_t)]$$

其中，α 是学习率，且 $0 \leq \alpha \leq 1$。请注意，在一些参考文献中，上式使用 r_t 而不是 r_{t+1}，这只是习惯的差异而不是错误，r_{t+1} 表示从 s_t 状态收到并转移到 s_{t+1} 状态的奖励。

还有另一种名为 $TD(\lambda)$ 的 TD 学习变体使用了资格迹（Eligibility Traces）$e(s)$，这是访问一个状态的记录。以如下方式执行 $TD(\lambda)$ 的更新：

$$V(s_t) := V(s_t) + \alpha[r_{t+1}+\gamma V(s_{t+1})-V(s_t)] \, e(s_t)$$

资格迹由以下公式给出：

$$e(s_t) = \begin{cases} \gamma \lambda e(s_{t-1}) &, s \neq s_t \\ \gamma \lambda e(s_{t-1})+1 &, s = s_t \end{cases}$$

其中，$t=0$ 时，$e(s)=0$。在 agent 所经过的每一步，对于所有状态，资格迹减少 $\gamma\lambda$；对于在当前时间步中访问的状态，资格迹增加 1。这里，$0 \leq \lambda \leq 1$，并且是决定将奖励中的多少额度分配给远端状态的参数。下面介绍后续两种强化学习算法背后的理论，即 SARSA 和 Q-Learning，这两种算法在强化学习社区中都非常流行。

2.3 理解 SARSA 与 Q-Learning

本节将学习 SARSA 和 Q-Learning，以及如何用 Python 编码实现。在进一步学习之前，先看看 SARSA 和 Q-Learning 到底是什么。SARSA 是一种使用状态-动作 Q 值进行更新的算法，这些概念源自计算机科学领域的动态规划。Q-Learning 是一种异步策略算法，最初由 Christopher Watkins 于 1989 年提出，是一种广泛使用的强化学习算法。

2.3.1 学习 SARSA

SARSA 是一种非常流行的同步策略算法，特别是在 20 世纪 90 年代。它是我们之前提到的 TD 学习的扩展，是一种同步策略算法。SARSA 保持对状态–动作价值函数的更新，并且当遇到新的经验时，使用动态规划的贝尔曼方程更新该状态–动作价值函数。将前面的 TD 算法扩展到状态–动作价值函数 $Q(s_t, a_t)$，这种方法称为 SARSA：

$$Q(s_t, a_t) := Q(s_t, a_t) + \alpha[r_{t+1} + \gamma Q(s_{t+1}, a_{t+1}) - Q(s_t, a_t)]$$

从给定的状态 s_t，采取动作 a_t，获得奖励 r_{t+1}，转换到新状态 s_{t+1}，然后进行动作 a_{t+1} 并继续。这个五元组 $(s_t, a_t, r_{t+1}, s_{t+1}, a_{t+1})$ 为该算法提供了名字：SARSA。SARSA 是一种同步策略的算法，因为相同的策略被更新，并用于估计 Q 值。对于探索，可以使用 ε-greedy 算法。

2.3.2 理解 Q-Learning

Q-Learning 与 SARSA 类似，对于每个状态–动作对，保持对状态–动作价值函数的更新，并且在收集到新经验时使用动态规划的贝尔曼方程递归地进行更新。请注意，它是一个异步策略算法，因为它使用在动作中评估的状态–动作价值函数，这将最大化价值。Q-Learning 用于动作是离散的问题。举个例子，如果定义动作为向北移动、向南移动、向东移动和向西移动，并将决定在给定状态下的最佳动作，这种设定下 Q-Learning 是适用的。

在经典的 Q-Learning 算法中，更新操作如下所示：

$$Q(s_t, a_t) := Q(s_t, a_t) + \alpha[r_{t+1} + \gamma \max_a Q(s_{t+1}, a) - Q(s_t, a_t)]$$

其中，max 是对动作执行的，即在 s_{t+1} 状态，对应 Q 最大值执行的动作。α 是学习率，是用户可以指定的超参数。

下面介绍在用 Python 编写算法之前需要考虑的问题。

2.4 悬崖徒步与网格世界问题

首先介绍悬崖徒步（cliff walking）和网格世界（grid world）问题，然后再进入编程部分。对于这两个问题，考虑一个带有 nrows（行数）和 ncols（列数）的矩形网格。从左下角单元格下边的单元格开始，目标是到达目的地，即右下角单元格下边的单元格。

请注意，起始单元格和目标单元格不是 nrows × ncols 网格的一部分。对于悬崖徒步问题，除了起始和目的地单元格之外，最下面一行单元格下边的单元格形成悬崖，如果 agent 进入悬崖单元格，该回合以灾难性地落入悬崖结束。同样，如果 agent 尝试离开网格的左边界、顶部边界或右边界，则将其放回到之前同一个单元格中，等同于不执行任何动作。

对于网格世界问题则没有悬崖，但在网格世界中设有障碍。如果 agent 试图进入任何这些障碍单元格，它会被弹回到初始单元格中。在这两个问题中，目标是找到从开始到目的地的最佳路径。

2.4.1 SARSA 下的悬崖徒步

下面学习如何用 Python 编写上述方程，并用 SARSA 实现悬崖徒步问题。首先，在 Python 中导入 numpy、sys 和 matplotlib 包。如果以前没有使用过这些包，那么有几个关于这些主题的 Packt 书籍可以帮助读者提升速度。在 Linux 终端中输入以下命令安装所需的软件包：

```
sudo apt-get install python-numpy python-scipy python-matplotlib
```

下面来编写网格世界问题所涉及的代码。在终端中，使用读者最喜欢的编辑器（例如 gedit、emacs 或 vi）编写以下代码：

```python
import numpy as np
import sys
import matplotlib.pyplot as plt
```

使用 3×12 网格来解决悬崖徒步问题，即 3 行 12 列。在任一单元格都有 4 个动作可以做，即可以向北、向东、向南或向西：

```python
nrows = 3
ncols = 12
nact = 4
```

考虑总共 100000 个回合。为了探索，使用 ε-greedy 算法，其中 ε=0.1。此处将 ε 设为一个常量，但是鼓励感兴趣的读者将 ε 设置为变化的值，并在整个迭代过程中将它的值缓慢地下调到零。

设学习率 α=0.1，损失因子 γ=0.95，这是该问题的经典值：

```python
nepisodes = 100000
epsilon = 0.1
alpha = 0.1
gamma = 0.95
```

接下来为奖励分配值。对于任何不掉入悬崖的正常行为，奖励为 -1；如果 agent 掉入悬崖，奖励为 -100；若到达目的地，奖励也为 -1。后续可以自由探索这些奖励的其他值，并研究其对最终 Q 值和从起点到终点的路径的影响：

```python
reward_normal = -1
reward_cliff = -100
reward_destination = -1
```

状态 – 动作对的 Q 值初始化为零。使用 NumPy 的 array 表示 Q，即 nrows × ncols × nact。也就是说，为每个单元格提供了 nact 数量的条目，并且有 nrows × ncols 的单元格总数：

```python
Q = np.zeros((nrows,ncols,nact),dtype=np.float)
```

定义一个函数，使 agent 转到起始位置，该位置具有 (x, y) 坐标（x=0，

y=nrows):

```
def go_to_start():
    # start coordinates
    y = nrows
    x = 0
    return x, y
```

接下来，定义一个函数来执行一个随机动作，其中向上或向北移动定义为 a=0，向右或向东移动定义为 a=1，向下或向南移动定义为 a=2，向西或向左移动定义为 a=4。使用 NumPy 的 random.randint() 函数：

```
def random_action():
    # a = 0 : top/north
    # a = 1 : right/east
    # a = 2 : bottom/south
    # a = 3 : left/west
    a = np.random.randint(nact)
    return a
```

下面定义 move 函数，它将获取 agent 的给定（x, y）位置和当前动作 a，然后执行该动作，在执行动作后返回 agent 的新位置（$x1$, $y1$）以及 agent 的状态。若 agent 执行动作后是正常的，state=0；若到达目的地，state=1；若坠崖，state=2。若 agent 通过左侧、顶部或右侧离开网格，则将 agent 送回到原来的那个单元格中（相当于不执行任何动作）：

```
def move(x,y,a):
    # state = 0: OK
    # state = 1: reached destination
    # state = 2: fell into cliff
    state = 0

    if (x == 0 and y == nrows and a == 0):
        # start location
        x1 = x
        y1 = y - 1
        return x1, y1, state
    elif (x == ncols-1 and y == nrows-1 and a == 2):
        # reached destination
        x1 = x
        y1 = y + 1
        state = 1
        return x1, y1, state
    else:
        # inside grid; perform action
        if (a == 0):
            x1 = x
            y1 = y - 1
        elif (a == 1):
            x1 = x + 1
            y1 = y
        elif (a == 2):
            x1 = x
            y1 = y + 1
        elif (a == 3):
            x1 = x - 1
```

```
        y1 = y

    # don't allow agent to leave boundary
    if (x1 < 0):
        x1 = 0
    if (x1 > ncols-1):
        x1 = ncols-1
    if (y1 < 0):
        y1 = 0
    if (y1 > nrows-1):
        state = 2

    return x1, y1, state
```

接下来定义 exploit 函数,它将获取 agent 的 (x, y) 位置,并根据 Q 值执行贪心动作。也就是说,它将在 (x, y) 位置执行 Q 值最高的动作。使用 NumPy 的 np.argmax() 来完成此动作。如果在起点位置,向北($a=0$);如果距离终点一步,向南($a=2$):

```
def exploit(x,y,Q):
    # start location
    if (x == 0 and y == nrows):
        a = 0
        return a

    # destination location
    if (x == ncols-1 and y == nrows-1):
        a = 2
        return a

    if (x == ncols-1 and y == nrows):
        print("exploit at destination not possible ")
        sys.exit()

    # interior location
    if (x < 0 or x > ncols-1 or y < 0 or y > nrows-1):
        print("error ", x, y)
        sys.exit()

    a = np.argmax(Q[y,x,:])
    return a
```

接下来,使用 Bellman() 函数执行 Bellman 更新:

```
def bellman(x,y,a,reward,Qs1a1,Q):
    if (y == nrows and x == 0):
        # at start location; no Bellman update possible
        return Q

    if (y == nrows and x == ncols-1):
        # at destination location; no Bellman update possible
        return Q

    # perform the Bellman update
    Q[y,x,a] = Q[y,x,a] + alpha*(reward + gamma*Qs1a1 - Q[y,x,a])
    return Q
```

然后,定义一个函数来探索或开拓,这取决于小于 ε 的随机数,即在 ε-greedy

探索策略中使用的参数。为此，使用 NumPy 的 np.random.uniform() 函数，它输出一个介于 0 和 1 之间的实随机数：

```
def explore_exploit(x,y,Q):
  # if we end up at the start location, then exploit
  if (x == 0 and y == nrows):
    a = 0
    return a

  # call a uniform random number
  r = np.random.uniform()

  if (r < epsilon):
    # explore
    a = random_action()
  else:
    # exploit
    a = exploit(x,y,Q)
  return a
```

现在已有了悬崖徒步问题所需的所有函数，开始进行迭代。对于每一次迭代，从起始位置开始，然后探索或开拓，根据动作将 agent 移动一步：

```
for n in range(nepisodes+1):

  # print every 1000 episodes
  if (n % 1000 == 0):
    print("episode #: ", n)

  # start
  x, y = go_to_start()

  # explore or exploit
  a = explore_exploit(x,y,Q)

  while(True):
    # move one step
    x1, y1, state = move(x,y,a)
```

根据收到的奖励执行 Bellman 更新。请注意，这是基于本章前面理论部分介绍的等式。如果到达目的地或坠崖，就会停止这一次迭代；如果没有，继续探索或开拓以执行更多步骤，一直这样持续下去。以下代码中，state 变量取值为 1 时到达目的地，取值为 2 时坠崖，否则为 0：

```
    # Bellman update
    if (state == 1):
      reward = reward_destination
      Qs1a1 = 0.0
      Q = bellman(x,y,a,reward,Qs1a1,Q)
      break
    elif (state == 2):
      reward = reward_cliff
      Qs1a1 = 0.0
      Q = bellman(x,y,a,reward,Qs1a1,Q)
      break
    elif (state == 0):
      reward = reward_normal
```

```
# Sarsa
a1 = explore_exploit(x1,y1,Q)
if (x1 == 0 and y1 == nrows):
  # start location
  Qs1a1 = 0.0
else:
  Qs1a1 = Q[y1,x1,a1]

Q = bellman(x,y,a,reward,Qs1a1,Q)
x = x1
y = y1
a = a1
```

上面的代码将完成所有的迭代，得到 Q 的收敛值。使用 matplotlib 为每个动作进行绘制：

```
for i in range(nact):
  plt.subplot(nact,1,i+1)
  plt.imshow(Q[:,:,i])
  plt.axis('off')
  plt.colorbar()
  if (i == 0):
    plt.title('Q-north')
  elif (i == 1):
    plt.title('Q-east')
  elif (i == 2):
    plt.title('Q-south')
  elif (i == 3):
    plt.title('Q-west')
plt.savefig('Q_sarsa.png')
plt.clf()
plt.close()
```

最后，使用前面的收敛的 Q 值进行路径规划。也就是说，使用最终收敛的 Q 值绘制 agent 从开始到结束所采用的确切路径。为此，创建一个名为 path 的变量，并存储跟踪 path 的值。然后使用 matplotlib 绘制它：

```
path = np.zeros((nrows,ncols,nact),dtype=np.float)
x, y = go_to_start()
while(True):
  a = exploit(x,y,Q)
  print(x,y,a)
  x1, y1, state = move(x,y,a)
  if (state == 1 or state == 2):
    print("breaking ", state)
    break
  elif (state == 0):
    x = x1
    y = y1
  if (x >= 0 and x <= ncols-1 and y >= 0 and y <= nrows-1):
    path[y,x] = 100.0
plt.imshow(path)
plt.savefig('path_sarsa.png')
```

至此已经完成了 SARSA 下悬崖徒步问题所需的编码。图 2.1 展示了网格中每个位置的每个动作（向北、向东、向南或向西）的 Q 值，其中黄色代表高 Q 值，紫色代表低 Q 值。

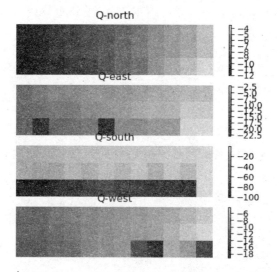

图 2.1　使用 SARSA 的悬崖徒步问题的 Q 值

SARSA 显然试图避开悬崖，因为当 agent 离悬崖北边只有一步时，选择不向南，这从向南动作中较大的负 Q 值可以明显看出。

图 2.2 给出了 agent 从开始到结束所采用的路径。

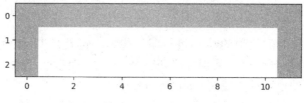

图 2.2　使用 SARSA 时 agent 的路径

现在使用 Q-learning 来研究相同的悬崖徒步问题。

2.4.2　Q-Learning 下的悬崖徒步

下面将重复相同的悬崖徒步问题，但使用 Q-Learning 代替 SARSA。除了一些下文总结的差异，大多数代码与使用 SARSA 的代码相同。由于 Q-Learning 使用贪心选择策略，因此使用如下函数来计算给定位置的 Q 最大值。大多数代码与上一节中的代码相同，本节仅展示所做的修改。

max_Q( ) 函数定义如下：

```
def max_Q(x,y,Q):
  a = np.argmax(Q[y,x,:])
  return Q[y,x,a]
```

使用之前定义的 max_Q( ) 函数计算新状态的 Q 值：

```
Qs1a1 = max_Q(x1,y1,Q)
```

此外，选择是进行探索还是开拓动作是在 while 循环内完成的，因为在探索时贪心地选择动作：

```
# explore or exploit
a = explore_exploit(x,y,Q)
```

利用上述编码解决 Q-Learning 下的悬崖徒步问题，并显示每个动作的 Q 值，以及 agent 从开始到结束所经过的路径，如图 2.3 所示。

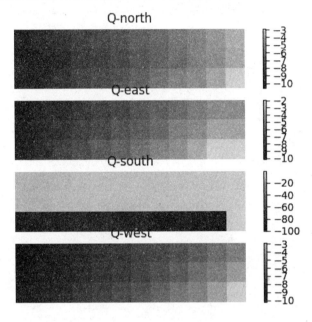

图 2.3　使用 Q-Learning 的悬崖徒步问题的 Q 值

从图 2.3 可以明显地看出，追踪的 path 在使用 SARSA 和 Q-Learning 时是不同的。由于 Q-Learning 是一种贪心的策略，因此 agent 在图 2.4 底部，采取了靠近悬崖的路径，因为它是最短的路径。

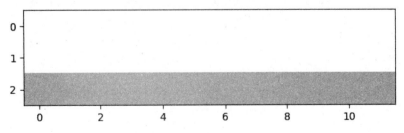

图 2.4　使用 Q-Learning 的悬崖徒步问题中追踪 agent 的路径

另一方面，由于 SARSA 更有远见，因此选择安全但更长的路径，也就是最上面一排的单元格，如图 2.2 所示。

下一个问题是网格世界问题，必须在网格中导航，使用 SARSA 对此进行编码。

2.4.3　SARSA 下的网格世界

引入障碍物代替悬崖。agent 的目标是通过避开障碍物在网格世界中从开始导航到目的地。将障碍物单元格的坐标存储在 obstacle_cells 列表中，其中每个条目是障碍物单元格的 (x, y) 坐标。

以下是此任务涉及的步骤摘要：

1）大多数代码与以前使用的相同，本节对差异进行总结。
2）将障碍物放置在网格中。
3）move( ) 函数必须在网格中发现障碍物。
4）绘制 Q 值和 agent 走过的路径。

用 Python 实现算法如下：

```python
import numpy as np
import sys
import matplotlib.pyplot as plt


nrows = 3
ncols = 12
nact = 4

nepisodes = 100000
epsilon = 0.1
alpha = 0.1
gamma = 0.95


reward_normal = -1
reward_destination = -1


# obstacles
obstacle_cells = [(4,1), (4,2), (8,0), (8,1)]
```

由于还需要发现障碍物，因此 move( ) 函数有改变。如果 agent 进入了障碍物单元格之一，则将被推回到它来自的位置：

```python
def move(x,y,a):
    # state = 0: OK
    # state = 1: reached destination
    state = 0

    if (x == 0 and y == nrows and a == 0):
        # start location
        x1 = x
        y1 = y - 1
        return x1, y1, state
    elif (x == ncols-1 and y == nrows-1 and a == 2):
        # reached destination
        x1 = x
```

```
      y1 = y + 1
      state = 1
      return x1, y1, state
else:

    if (a == 0):
      x1 = x
      y1 = y - 1
    elif (a == 1):
      x1 = x + 1
      y1 = y
    elif (a == 2):
      x1 = x
      y1 = y + 1
    elif (a == 3):
      x1 = x - 1
      y1 = y

    if (x1 < 0):
        x1 = 0
    if (x1 > ncols-1):
        x1 = ncols-1
    if (y1 < 0):
        y1 = 0
    if (y1 > nrows-1):
        y1 = nrows-1

    # check for obstacles; reset to original (x,y) if inside obstacle
    for i in range(len(obstacle_cells)):
        if (x1 == obstacle_cells[i][0] and y1 == obstacle_cells[i][1]):
            x1 = x
            y1 = y
    return x1, y1, state
```

以上为用 SARSA 编码网格世界问题的过程，Q 值和所采用的路径如图 2.5 所示。

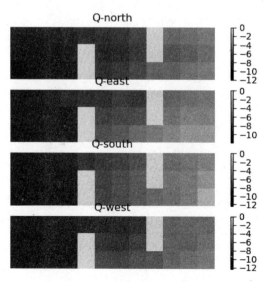

图 2.5 用 SARSA 编码网格世界问题的每个动作的 Q 值

agent 会绕过障碍物导航到达目的地，如图 2.6 所示。

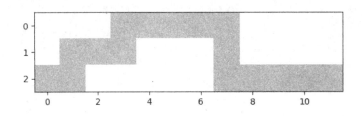

图 2.6　用 SARSA 编码网格世界问题中 agent 走过的路径

使用 Q-Learning 的网格世界并不是一个容易尝试的简单问题，因为其所使用的贪心策略不会使 agent 在给定状态下轻松避免重复的动作，收敛通常会很慢。因此，现在可以不考虑这个问题。

总结

本章介绍了 TD 的概念，还学习了两种强化学习算法：Q-Learning 和 SARSA，以及如何用 Python 编写这两种算法，并使用它们来解决悬崖徒步和网格世界问题。这两种算法使我们对强化学习的基础知识以及如何从理论到代码的转换有了很好的理解。Q-Learning 和 SARSA 仍然在今天的强化学习社区中得到应用。

下一章将研究在强化学习中使用深度神经网络，从而引出深度强化学习。深度 Q 网络（Deep Q-Networks，DQN）使用神经网络，是 Q-Learning 变体，不是本章中介绍的表格式的状态 – 动作价值函数。请注意，Q-Learning 和 SARSA 只适用于具有较少数量的状态和动作的问题。当有大量的状态或动作时，就会遇到所谓的维度灾难，其中表格式方法由于使用过多的内存而变得不可行；在这类问题中，DQN 更加适合，这将是下一章的关键内容。

扩展阅读

- Reinforcement Learning: an Introduction by Richard Sutton and Andrew Barto, 2018

第 3 章 深度 Q 网络

深度 Q 网络（Deep Q-Networks，DQNs）革新了强化学习领域。Google DeepMind 在 2014 年谷歌收购之前，是一家名为 DeepMind Technologies 的英国公司。DeepMind 在 2013 年发表了一篇论文，题目是用 Deep RL 玩 Atari 游戏，在强化学习的上下文中使用了 Deep Neural Networks（DNNs），或者他们提到的 DQNs，这是一个对该领域具有开创性意义的想法，彻底改变了强化学习的研究领域。2015 年，在 Nature 杂志上发表了第二篇论文，题为"通过 Deep RL 实现人类水平的控制（Human Level Control Through Deep RL）"，这个想法更有趣，进一步改进了前一篇论文。这两篇论文共同推动了强化学习领域的发展，一些新的算法改进了使用神经网络对 agent 的训练，也将强化学习应用于有趣的现实问题。

本章将研究 DQN，并使用 Python 和 TensorFlow 实现。这是在强化学习中首次使用深度神经网络，也是本书中做的第一个尝试——使用深度强化学习来解决现实世界的控制问题。

本章将讨论以下主题：
- 学习 DQN 的原理
- 理解目标网络
- 学习重放缓冲区
- 介绍 Atari 环境
- 使用 TensorFlow 编写 DQN 网络
- 验证 DQN 在 Atari Breakout 中的性能

3.1 技术需求

了解以下内容有助于读者更好地理解本章中介绍的概念：
- Python（版本 2 或以上）
- NumPy
- TensorFlow（版本 1.4 或以上）

3.2 学习 DQN 原理

本节将研究 DQN 的原理，包括其基础的数学知识，并学习使用神经网络来评估价值函数。

前文研究了 Q-Learning，其中 $Q(s,a)$ 作为多维数组存储和计算，每个状态－动作对有一个条目。这对网格世界和悬崖徒步问题都很有效，这两个问题在状态空间和动作空间都是低维的。那么，能把它应用到更高维的问题吗？答案是否定的，由于维度的限制，这使得存储大量的状态和动作变得不可能。此外，在连续控制问题中，虽然可能存在无穷多个实数，但在有界的范围内，作用是以实数形式变化的，不能用表格式的 Q 数组表示。这就产生了强化学习中的函数逼近，特别是 DNNs，即 DQNs 的使用。这里 $Q(s,a)$ 表示为 DNN，它将输出 Q 的值。

DQN 中包含的步骤如下：

1）使用 Bellman 方程更新状态－动作价值函数，其中 (s,a) 是一次的状态和动作，s' 和 a' 分别是随后时间 $t+1$ 的状态和动作，γ 是折扣系数：

$$Q(s,a) = E[r + \gamma \max_{a'} Q(s',a') | s,a]$$

2）在回合步骤 i 中定义一个损失函数来训练 Q 网络：

$$L_i(\theta_i) = E[(y_i - Q(s,a;\theta_i))^2]$$

前面的参数是以 θ 表示的神经网络参数，因此 Q 值被写为 $Q(s,a;\theta)$。

3）y_i 是迭代 i 的目标结果，由以下方程给出：

$$y_i = E[r + \lambda \max_{a'} Q(s',a';\theta_{i-1}) | s,a]$$

4）使用梯度下降、RMSprop 和 Adam 等优化算法，通过最小化损失函数 $L(\theta)$，在 DQN 上训练神经网络。

以前使用最小二次方误差作为 DQN 损失函数，也称为 L2 损失。也可以考虑其他损失，例如 Huber 损失，它结合了 L1 和 L2 损失，L2 损失在零附近，L1 损失在很远的区域。与 L2 损失相比，Huber 损失对异常值不太敏感。

下面介绍目标网络的使用。这是一个非常重要的概念，需要稳定的训练。

3.3　理解目标网络

DQN 的一个有趣的特性是在训练过程中利用第二个网络，称为目标网络。第二个网络用于生成 target-Q 值，该 target-Q 值用于在训练过程中计算损失函数。为什么不使用一个网络来选择要采取的行动 a，以及更新 Q 网络呢？问题是，在训练的每一步，Q 网络的值都会发生变化，如果使用一组不断变化的值来更新网络，那么估计值很容易变得不稳定——网络会陷入目标值和估计 Q 值之间的反馈环。为了减轻这种不稳定性，目标网络的权重是固定的，也就是说，缓慢地更新到主 Q 网络的值，这使训练更加稳定和实用。

而第二个神经网络，即目标网络，虽然神经网络参数值不同，但它在结构上与主 Q 网络相同。每 N 步一次，参数从 Q 网络复制到目标网络，使训练更加稳定。

例如，可以使用 N=10000。另一种选择是缓慢更新目标网络的权重（θ 是 Q 网络的权重，θ' 是目标网络的权重）：

$$\theta' \leftarrow \tau\theta + (1-\tau)\theta'$$

这里，τ 是一个很小的数，例如 0.001。后一种使用指数移动平均值的方法是本书的首选。

下面介绍在异步策略算法中使用重放缓冲区的情况。

3.4 了解重放缓冲区

我们需要元组（$s, a, r, s', done$）来更新 DQN，其中 s 和 a 分别是时间 t 时的状态和行为；s' 是时间 $t+1$ 时的新状态；$done$ 是一个布尔值，该值是 True 还是 False 取决于事件是未完成还是已结束，在文献中也称为终值。使用布尔 $done$ 或 $terminal$ 变量，以便在 Bellman 更新中正确处理一个事件的最后一个终端状态 [因为不能对终端状态执行 $r + \gamma \max Q(s', a')$]。DQNs 中的一个问题是使用（$s, a, r, s', done$）元组的连续样本，它们是相关的，因此训练可能会过拟合。

为了缓解这个问题，使用重放缓冲区，其中元组（$s, a, r, s', done$）存储于经验中，并且从重放缓冲区中随机抽取一小批这样的经验样本用于训练。这样可以确保为每个小批量抽取的样本是**独立同分布（IID）**的。通常，使用一个大容量的重放缓冲区，例如 50 万到 100 万个样本。在训练开始时，重放缓冲区被填充了足够数量的样本，并填充新的经验。一旦将重放缓冲区填充到最大样本数，旧的样本将被逐个丢弃。这是因为较旧的样本是由劣质策略生成的，agent 已经在学习中取得了进步，不希望在之后的阶段使用旧样本进行训练。

在最近的一篇论文中，DeepMind 提出了一个优先级重放缓冲区，其中时间差误差的绝对值用于赋予缓冲区中的样本重要性。误差较大的样本具有较高的优先级，因此有更大的机会被采样。这种优先级重放缓冲区比普通重放缓冲区的学习速度更快。但是，编写代码稍微困难一些，因为它使用 SumTree 数据结构，这是一个二叉树，其中每个父节点的值是其两个子节点的值之和。优先级重放缓冲区暂时不做进一步讨论。

> 优先级重放缓冲区基于 DeepMind 发表的论文：https://arxiv.org/abs/1511.05952
>
> 下面研究 Atari 环境。如果读者喜欢玩电子游戏，那么会喜欢这部分的内容！

3.5 Atari 环境介绍

Atari 2600 游戏套件最初发布于 20 世纪 70 年代，在当时非常受欢迎。它包括几个游戏，用户使用键盘输入动作。这些游戏在当时引起了巨大的轰动，并启发了许多在 20 世纪 70 年代和 80 年代的电脑游戏玩家，但按照今天电子游戏玩家的标准，Atari 太落后了。然而，现在作为一个可以由 RL agent 训练的游戏门户，它们在强化学习社区中很流行。

3.5.1 Atari 游戏概述

以下是从 Atari 精选的几款游戏的摘要（出于版权考虑，本书不会提供游戏的截图，但会提供它们的链接）。

1. Pong

第一个例子是一个称为 Pong 的乒乓球游戏，它允许玩家向上或向下移动，将乒乓球打给对手，也就是计算机。第一个得到 21 分的人是这场比赛的赢家。Atari 的 Pong 游戏截图可以在 https://gym.openai.com/envs/Pong-v0/ 中找到。

2. Breakout

在 Breakout 游戏中，玩家必须向左或向右移动拨片，以击中一个球，然后该球从屏幕顶部的一组方块反弹。击中的方块数越高，玩家可以获得的积分或奖励就越多。每场比赛总共有 5 次生命，如果错过球，将损失一次生命。Atari 的 Breakout 游戏截图可以在 https://gym.openai.com/envs/Breakout-v0/ 找到。

3. Space Invaders

如果你喜欢外星人，那么 Space Invaders 就是为你准备的游戏。在这个游戏中，一波接一波的外星人从顶部降落，玩家需要用激光束击中他们来得分。这款游戏可以在 https://gym.openai.com/envs/SpaceInvaders-v0/ 找到。

4. LunarLander

这款游戏适合对太空旅行感兴趣的读者，其目标是要在月球表面降落一艘宇宙飞船（类似于阿波罗 11）。对于每一级，着陆区的表面都会发生变化，玩家需要引导航天器在月球表面的两面旗帜之间着陆。Atari 的 Lunarlander 游戏截图可以在 https://gym.openai.com/envs/LunarLander-v2/ 找到。

5. The Arcade Learning Environment

在 Atari 有 50 多个这样的游戏。它们现在是 The Arcade Learning Environment（ALE）的一部分，ALE 是建立在 Atari 之上的面向对象框架。OpenAI 的 gym 现在被用来调用 Atari 游戏，以便训练 RL agent 来玩这些游戏。例如，读者可以导入 Python 中的 gym，并按如下方式进行游戏。reset( ) 函数用来重置游戏环境，render( ) 函数用来渲染游戏：

```
import gym
env = gym.make('SpaceInvaders-v0')
env.reset()
env.render()
```

下面用 TensorFlow 和 Python 编写 DQN 代码，并训练 agent 去玩 Atari Breakout 游戏。

3.5.2 用 TensorFlow 编写 DQN

使用以下的三个 Python 文件：
- dqn.py：该文件有一个主循环，可以探索环境，并调用更新函数。
- model.py：该文件有 DQN agent 的类，其中有神经网络和需要的函数来训练它。
- funcs.py：该文件将涉及一些实用程序功能，例如处理图像帧或填充重放缓冲区。

1. 使用 model.py 文件

首先编写 model.py 文件，步骤如下：

1）导入所需要的包：

```
import numpy as np
import sys
import os
import random
import tensorflow as tf
```

2）**选择更大或者更小的网络**：可以选择两种神经网络结构，大小各一种。此处使用大的网络。感兴趣的读者可以稍后将网络更改为小的选项，并比较性能：

```
NET = 'bigger' # 'smaller'
```

3）**选择损失函数（L2 损失或 Huber 损失）**：对于 Q-learning 损失函数，可以使用 L2 损失或 Huber 损失。这两个选项都可以在代码中体现，此处选择 huber 损失：

```
LOSS = 'huber' # 'L2'
```

4）**定义神经网络权重初始化**：然后为神经网络指定权重初始化器。tf.variance_scaling_initializer(scale=2) 用于初始化。Xavier 初始化也可以使用，并作为注释提供。感兴趣的读者可以稍后比较 He 和 Xavier 初始化器的性能：

```
init = tf.variance_scaling_initializer(scale=2) #
tf.contrib.layers.xavier_initializer()
```

5）**定义 QNetwork( ) 类**：

```
class QNetwork():
 def __init__(self, scope="QNet", VALID_ACTIONS=[0, 1, 2, 3]):
    self.scope = scope
    self.VALID_ACTIONS = VALID_ACTIONS
    with tf.variable_scope(scope):
      self._build_model()
```

6）**完成 _build_model( ) 函数**：在 _build_model( ) 函数中，首先定义 TensorFlow 的 tf_X、tf_Y 和 tf_actions 的占位符。请注意，图像帧以 uint8 格式存储在重放缓冲区中以节省内存，因此将它们转换为浮点数，然后除以 255.0，将输入 x 置于 0~1 范围内来对其进行规范化：

```python
def _build_model(self):
    # input placeholders; input is 4 frames of shape 84x84
    self.tf_X = tf.placeholder(shape=[None, 84, 84, 4],
dtype=tf.uint8, name="X")
    # TD
    self.tf_y = tf.placeholder(shape=[None], dtype=tf.float32,
name="y")
    # action
    self.tf_actions = tf.placeholder(shape=[None], dtype=tf.int32,
name="actions")
    # normalize input
    X = tf.to_float(self.tf_X) / 255.0
    batch_size = tf.shape(self.tf_X)[0]
```

7）**定义卷积层**：如前文所述，我们有一个较大和较小的神经网络结构选项。较大的网络有三个卷积层，然后是全连接层。较小的网络只有两个卷积层，然后也是全连接层。定义卷积网络可以使用 TensorFlow 中 tf.contrib.layers.conv2d( )，全连接层可以使用 tf.contrib.layers.fully_connected( )。注意，在最后一个卷积层之后，需要在其输出传递到全连接层之前使用 tf.contrib.layers.flatten( ) 将其展开，使用 winit 对象作为权重初始化器：

```python
if (NET == 'bigger'):
    # bigger net
    # 3 conv layers
    conv1 = tf.contrib.layers.conv2d(X, 32, 8, 4, padding='VALID',
activation_fn=tf.nn.relu, weights_initializer=winit)
    conv2 = tf.contrib.layers.conv2d(conv1, 64, 4, 2,
padding='VALID', activation_fn=tf.nn.relu,
weights_initializer=winit)
    conv3 = tf.contrib.layers.conv2d(conv2, 64, 3, 1,
padding='VALID', activation_fn=tf.nn.relu,
weights_initializer=winit)
    # fully connected layers
    flattened = tf.contrib.layers.flatten(conv3)
    fc1 = tf.contrib.layers.fully_connected(flattened, 512,
activation_fn=tf.nn.relu, weights_initializer=winit)

elif (NET == 'smaller'):

    # smaller net
    # 2 conv layers
    conv1 = tf.contrib.layers.conv2d(X, 16, 8, 4, padding='VALID',
activation_fn=tf.nn.relu, weights_initializer=winit)
    conv2 = tf.contrib.layers.conv2d(conv1, 32, 4, 2,
padding='VALID',activation_fn=tf.nn.relu,
weights_initializer=winit)
    # fully connected layers
    flattened = tf.contrib.layers.flatten(conv2)
    fc1 = tf.contrib.layers.fully_connected(flattened, 256,
activation_fn=tf.nn.relu, weights_initializer=winit)
```

8）**定义全连接层**：最后使用全连接层，神经元数量为动作的次数，使用 len(self.VALID_ACTIONS) 来计算。最后一个全连接层的输出存储在 self.predictions 中，表示为 $Q(s,a)$。这可以在前文介绍的 DQN 理论学习部分的公式中看到。

把 actions 传入网络时先转化为 one-hot 格式，使用 tf.one_hot( )。请注意，one_hot 是一种将操作数表示为二进制数组的方法，对于所有操作为零（除了一个操作，将其存储为 1.0）。然后，使用预测值与 onehot 相乘（self.predictions * action_one_hot），并使用 tf.reduce_sum( ) 求和，最终储存在 self.action_predictions 变量中：

```
# Q(s,a)
  self.predictions = tf.contrib.layers.fully_connected(fc1,
len(self.VALID_ACTIONS), activation_fn=None,
weights_initializer=winit)
  action_one_hot = tf.one_hot(self.tf_actions,
tf.shape(self.predictions)[1], 1.0, 0.0, name='action_one_hot')
  self.action_predictions = tf.reduce_sum(self.predictions *
action_one_hot, reduction_indices=1, name='act_pred')
```

9）**计算 Q 网络训练的损失**：使用 L2 损失或 Huber 损失计算 Q 网络训练的损失，存储在 self.loss 中，使用 Loss 变量确定。对于 L2 损失，使用 tf.squared_difference( ) 函数；对于 Huber 损失，使用 huber_loss( ) 函数。损失在许多样本上取平均值，为此使用 tf.reduce_mean( ) 函数。注意，此处将计算前文定义的 tf_Y 占位符和前面步骤中获得的 action_predictions 变量之间的损失：

```
if (LOSS == 'L2'):
    # L2 loss
    self.loss = tf.reduce_mean(tf.squared_difference(self.tf_y,
self.action_predictions), name='loss')
elif (LOSS == 'huber'):
    # huber loss
    self.loss = tf.reduce_mean(huber_loss(self.tf_y-
self.action_predictions), name='loss')
```

10）**使用优化器**：使用 RMSprop 或 Adam 优化器，并将其存储在 self.optimizer 中。学习目标是最小化 self.loss，因此使用储存在 self.train_op 中的 self.optimizer.minimize( ) 函数：

```
# optimizer
  #self.optimizer =
tf.train.RMSPropOptimizer(learning_rate=0.00025, momentum=0.95,
epsilon=0.01)
  self.optimizer = tf.train.AdamOptimizer(learning_rate=2e-5)
  self.train_op=
self.optimizer.minimize(self.loss,global_step=tf.contrib.framework.
get_global_step())
```

11）**为类定义 predict( ) 函数**：在 predict( ) 函数中，使用 TensorFlow 的 sess.run( ) 函数运行前面定义的 self.predictions 函数，其中 sess 是传递给此函数的 tf.session( ) 对象。状态作为参数传递给 s 变量中的函数，s 变量传递给 TensorFlow 占位符 tf_X：

```
def predict(self, sess, s):
    return sess.run(self.predictions, { self.tf_X: s})
```

12）**为类定义 update( ) 函数**：在 update( ) 函数中，调用 train-op 和 loss 对象，并将 a 馈送给执行这些操作所涉及的占位符，称之为 feed-dict。状态存储在 s 中，操作存储在 a 中，目标存储在 y 中：

```
def update(self, sess, s, a, y):
    feed_dict = { self.tf_X: s, self.tf_y: y, self.tf_actions: a }
    _, loss = sess.run([self.train_op, self.loss], feed_dict)
    return loss
```

13）**在类之外定义 huber_loss( ) 函数**：完成 model.py 的最后一项工作是定义 huber loss( ) 函数，它是 L1 和 L2 损失的混合。当输入小于 1.0 时，使用 L2 损失，否则使用 L1 损失：

```
# huber loss
def huber_loss(x):
    condition = tf.abs(x) < 1.0
    output1 = 0.5 * tf.square(x)
    output2 = tf.abs(x) - 0.5
    return tf.where(condition, output1, output2)
```

2. 使用 funcs.py 文件

编写 funcs.py 步骤如下：

1）**导包**：导入所需要的包：

```
import numpy as np
import sys
import tensorflow as tf
```

2）**完成 ImageProcess( ) 类**：使用 Atari 模拟器把 210×160×3 RGB 图像转换为 84×84 的灰度图像。为此，需要创建一个 ImageProcess( ) 类，并使用 TensorFlow 工具函数。例如，rgb_to_grayscale( ) 函数将 RGB 图像转换为灰度图像，crop_to_bounding_box( ) 函数将图像裁剪为感兴趣的区域，resize_images( ) 将图像大小调整为所需的 84×84 大小，并用 squeeze( ) 从输入中删除维度。类的 process( ) 函数将通过调用 self.output 上的 sess.run( ) 函数来执行操作，请注意将 state 变量作为字典传递：

```
# convert raw Atari RGB image of size 210x160x3 into 84x84
grayscale image
class ImageProcess():
    def __init__(self):
        with tf.variable_scope("state_processor"):
            self.input_state = tf.placeholder(shape=[210, 160, 3], dtype=tf.uint8)
            self.output = tf.image.rgb_to_grayscale(self.input_state)
            self.output = tf.image.crop_to_bounding_box(self.output, 34, 0, 160, 160)
            self.output = tf.image.resize_images(self.output, [84, 84], method=tf.image.ResizeMethod.NEAREST_NEIGHBOR)
            self.output = tf.squeeze(self.output)

    def process(self, sess, state):
        return sess.run(self.output, { self.input_state: state })
```

3）**将模型参数从一个网络复制到另一个网络**：下一步是编写一个 copy_model_parameters( ) 函数，它将把 tf.session( ) 的对象 sess 和两个网络（在本例中是 Q

网络和目标网络）作为参数，称为 qnet1 和 qnet2。函数将参数值从 qnet1 复制到 qnet2：

```
# copy params from qnet1 to qnet2
def copy_model_parameters(sess, qnet1, qnet2):
    q1_params = [t for t in tf.trainable_variables() if
t.name.startswith(qnet1.scope)]
    q1_params = sorted(q1_params, key=lambda v: v.name)
    q2_params = [t for t in tf.trainable_variables() if
t.name.startswith(qnet2.scope)]
    q2_params = sorted(q2_params, key=lambda v: v.name)
    update_ops = []
    for q1_v, q2_v in zip(q1_params, q2_params):
        op = q2_v.assign(q1_v)
        update_ops.append(op)
    sess.run(update_ops)
```

4）编写一个函数来使用 ε-greedy 策略进行探索：编写一个名为 epsilon_greedy_policy( ) 的函数，该函数使用 NumPy 的 np.random.rand( ) 函数计算随机实数是否小于 ε，从而探索或开拓前面描述的 ε-greedy 策略的参数。所有动作都有相等的概率: 1/num_actions，其中 num_actions 是动作的数量（Breakout 为 4）。另一方面，使用 Q-network 的 predict( ) 函数来获取 Q 值，并使用 numpy 的 np.argmax( ) 函数来识别哪个动作的 Q 值最高。此函数的输出是每个动作的概率，除了概率为 1.0 与最大 Q 值对应的一个动作外，每个动作都为 0：

```
# epsilon-greedy
def epsilon_greedy_policy(qnet, num_actions):
    def policy_fn(sess, observation, epsilon):
        if (np.random.rand() < epsilon):
            # explore: equal probabiities for all actions
            A = np.ones(num_actions, dtype=float) /
float(num_actions)
        else:
            # exploit
            q_values = qnet.predict(sess, np.expand_dims(observation,
0))[0]
            max_Q_action = np.argmax(q_values)
            A = np.zeros(num_actions, dtype=float)
            A[max_Q_action] = 1.0
        return A
    return policy_fn
```

5）编写一个函数来填充重放内存：编写 populate_replay_mem( ) 函数以用 replay_memory_init_size 样本数填充重放缓冲区。首先，使用 env.reset( ) 函数重置环境。然后，处理从重置中获得的状态。需要为每个状态设置四个帧，因为 agent 无法确定球或桨的移动方向、速度或加速度（此处指在 Breakout 游戏中；对于其他游戏，例如 Space Invaders，类似的推理可用于确定何时何地开火）。在第一帧中叠加了四个副本，还计算了 delta_epsilon，即每一时间步长里 ε 减少的量。重放内存初始化为空列表：

```python
# populate replay memory
def populate_replay_mem(sess, env, state_processor,
replay_memory_init_size, policy, epsilon_start, epsilon_end,
epsilon_decay_steps, VALID_ACTIONS, Transition):
    state = env.reset()
    state = state_processor.process(sess, state)
    state = np.stack([state] * 4, axis=2)

    delta_epsilon = (epsilon_start -
epsilon_end)/float(epsilon_decay_steps)

    replay_memory = []
```

6）**计算动作概率**：循环初始化 replay_memory_init_size 四次，通过 delta epsilon 减少 ε，并使用 policy( ) 函数计算动作概率，将其作为参数传递到 action_probs 变量中。精确的操作是通过使用 NumPy 的 np.random.choice 从 action-probs 变量中抽样。然后，使用 env.render( ) 函数渲染环境，将操作传递给 env.step( ) 函数，并输出下一个状态（存储在 next_state 中），转换的奖励以及事件是否终止存储在 Boolean done 变量中。

7）**追加到重放缓冲区**：处理下一个状态，并将其追加到重放内存中，即元组（state, action, reward, next_state, done）。如前所述，如果这一回合完成，则将环境重置为新一轮的游戏，处理图像并叠加四次。如果该事件尚未完成，则新状态将成为下一个时间步长的当前状态，并且继续此过程，直到循环完成：

```python
    for i in range(replay_memory_init_size):
        epsilon = max(epsilon_start - float(i) * delta_epsilon,
epsilon_end)
        action_probs = policy(sess, state, epsilon)
        action = np.random.choice(np.arange(len(action_probs)),
p=action_probs)

        env.render()
        next_state, reward, done, _ =
env.step(VALID_ACTIONS[action])

        next_state = state_processor.process(sess, next_state)
        next_state = np.append(state[:,:,1:],
np.expand_dims(next_state, 2), axis=2)
        replay_memory.append(Transition(state, action, reward,
next_state, done))

        if done:
            state = env.reset()
            state = state_processor.process(sess, state)
            state = np.stack([state] * 4, axis=2)
        else:
            state = next_state
    return replay_memory
```

3. 使用 dqn.py 文件

编写 dqn.py 步骤如下：

1）**导入所需要的包**：导入所需的软件包：

```
import gym
import itertools
import numpy as np
import os
import random
import sys
import matplotlib.pyplot as plt
import tensorflow as tf
from collections import deque, namedtuple
from model import *
from funcs import *
```

2）**设置游戏并选择有效的操作**：设置游戏。选择 BreakoutDeterministic-v4 游戏，它是 Breakout v0 的更高版本。这个游戏有四个动作，分别代表 0: 无操作（noop）、1: 开火、2: 向左移动和 3: 向右移动：

```
GAME = "BreakoutDeterministic-v4" # "BreakoutDeterministic-v0"
# Atari Breakout actions: 0 (noop), 1 (fire), 2 (left) and 3 (right)
VALID_ACTIONS = [0, 1, 2, 3]
```

3）**设置模式（train/test）和开始迭代**：在 train_or_test 变量中设置模式。从 train 开始（可以稍后将其设置为 test，以便在训练完成后评估模型）。从 0 次迭代中从头开始训练：

```
# set parameters for running
train_or_test = 'train' #'test' #'train'
train_from_scratch = True
start_iter = 0
start_episode = 0
epsilon_start = 1.0
```

4）**创建环境**：创建环境 env 对象，它创建 GAME 游戏。env.action_space.n 打印此游戏中的操作数。env.reset() 将重置游戏，并输出初始状态/观察值（注意在强化学习术语中，状态和观察值是相同的，可以互换）。observation.shape 将打印状态空间的形状：

```
env = gym.envs.make(GAME)
print("Action space size: {}".format(env.action_space.n))
observation = env.reset()
print("Observation space shape: {}".format(observation.shape))
```

5）**创建存储检查点文件的路径和目录**：创建存储检查点模型文件的路径，并创建目录：

```
# experiment dir
experiment_dir = os.path.abspath("./experiments/{}".format(env.spec.id))

# create ckpt directory
checkpoint_dir = os.path.join(experiment_dir, "ckpt")
checkpoint_path = os.path.join(checkpoint_dir, "model")
if not os.path.exists(checkpoint_dir):
    os.makedirs(checkpoint_dir)
```

6）**定义 deep_q_learning( ) 函数**：接下来，创建 deep_q_learning( ) 函数，该函数使用一长串参数，这些参数涉及 TensorFlow 会话对象、环境、Q 和目标网络对象等。遵循策略 epsilon_greedy_policy( )：

```
def deep_q_learning(sess, env, q_net, target_net, state_processor,
num_episodes, train_or_test='train',
train_from_scratch=True,start_iter=0, start_episode=0,
replay_memory_size=250000, replay_memory_init_size=50000,
update_target_net_every=10000, gamma=0.99, epsilon_start=1.0,
epsilon_end=[0.1,0.01], epsilon_decay_steps=[1e6,1e6],
batch_size=32):
    Transition = namedtuple("Transition", ["state", "action",
"reward", "next_state", "done"])

    # policy
    policy = epsilon_greedy_policy(q_net, len(VALID_ACTIONS))
```

7）**使用遇到的初始随机操作经验填充重放内存**：使用初始示例填充重放内存：

```
# populate replay memory
 if (train_or_test == 'train'):
   print("populating replay memory")
   replay_memory = populate_replay_mem(sess, env, state_processor,
replay_memory_init_size, policy, epsilon_start, epsilon_end[0],
epsilon_decay_steps[0], VALID_ACTIONS, Transition)
```

8）**设置 ε 值**：请注意，双重线性函数将 epsilon_decay_steps 描述的多个步骤中指定的多个步长将 ε 的值从 1 减小到 0.1，然后从 0.1 减小到 0.01。

```
    # epsilon start
    if (train_or_test == 'train'):
      delta_epsilon1 = (epsilon_start -
epsilon_end[0])/float(epsilon_decay_steps[0])
      delta_epsilon2 = (epsilon_end[0] -
epsilon_end[1])/float(epsilon_decay_steps[1])
      if (train_from_scratch == True):
        epsilon = epsilon_start
      else:
        if (start_iter <= epsilon_decay_steps[0]):
         epsilon = max(epsilon_start - float(start_iter) *
delta_epsilon1, epsilon_end[0])
        elif (start_iter > epsilon_decay_steps[0] and start_iter <
epsilon_decay_steps[0]+epsilon_decay_steps[1]):
         epsilon = max(epsilon_end[0] - float(start_iter) *
delta_epsilon2, epsilon_end[1])
        else:
         epsilon = epsilon_end[1]
    elif (train_or_test == 'test'):
      epsilon = epsilon_end[1]
```

9）**设置时间步长总数**：

```
# total number of time steps
total_t = start_iter
```

10）**主循环贯穿整个回合**。重启回合处理第一帧，然后叠加 4 次，将 loss、

time_steps 和 episode_rewards 初始化为 0。Breakout 每次的总生命数是 5，因此在 ale_lives 变量中对其进行计数。此 agent 生命周期中的总时间步长初始化为一个较大的数：

```
for ep in range(start_episode, num_episodes):
    # save ckpt
    saver.save(tf.get_default_session(), checkpoint_path)

    # env reset
    state = env.reset()
    state = state_processor.process(sess, state)
    state = np.stack([state] * 4, axis=2)

    loss = 0.0
    time_steps = 0
    episode_rewards = 0.0
    ale_lives = 5
    info_ale_lives = ale_lives
    steps_in_this_life = 1000000
    num_no_ops_this_life = 0
```

11）**跟踪时间步长**：使用一个内部 while 循环来跟踪给定事件中的时间步（注意：外部 for 循环为次数，而这个内部 while 循环为当前事件中的时间步长）。相应地减少 ε，这取决于它是在 0.1 到 1 的范围内，还是在 0.01 到 0.1 的范围内，这两个范围都有不同的 delta_epsilon 值：

```
while True:
    if (train_or_test == 'train'):
        #epsilon = max(epsilon - delta_epsilon, epsilon_end)
        if (total_t <= epsilon_decay_steps[0]):
            epsilon = max(epsilon - delta_epsilon1, epsilon_end[0])
        elif (total_t >= epsilon_decay_steps[0] and total_t <= epsilon_decay_steps[0]+epsilon_decay_steps[1]):
            epsilon = epsilon_end[0] - (epsilon_end[0]-epsilon_end[1]) / float(epsilon_decay_steps[1]) * float(total_t-epsilon_decay_steps[0])
            epsilon = max(epsilon, epsilon_end[1])
        else:
            epsilon = epsilon_end[1]
```

12）**更新目标网络**：如果到目前为止的总时间步长是用户定义的 update_target_net_every 的倍数，则更新目标网络。调用 copy_model_parameters( ) 函数：

```
# update target net
if total_t % update_target_net_every == 0:
    copy_model_parameters(sess, q_net, target_net)
    print("\n copied params from Q net to target net ")
```

13）在 agent 的每一个新生命开始时，进行一次 no-op（对应于动作概率 [1,0,0,0]）0 到 7 之间的随机变化，以使该事件不同于过去的事件。如此，agent 在探索和学习环境时就可以看到更多的变化。最初的 DeepMind 论文中提到，因为这种随机性能使 agent 体验更多的多样性，从而确保其学习得更好。一旦超出了这个初始随机周期，就按照 policy( ) 函数执行操作。

14）仍然需要在每个新生命周期开始时执行一次触发操作（操作概率 [0，1，0，0]），以启动 agent。这是 ALE 框架的要求，如果没有触发操作，框架将被冻结。因此，生命周期演变为一次启动操作，然后是无操作的随机数（介于 0 和 7 之间），agent 使用策略函数：

```
time_to_fire = False
if (time_steps == 0 or ale_lives != info_ale_lives):
    # new game or new life
    steps_in_this_life = 0
    num_no_ops_this_life = np.random.randint(low=0,high=7)
    action_probs = [0.0, 1.0, 0.0, 0.0] # fire
    time_to_fire = True
    if (ale_lives != info_ale_lives):
        ale_lives = info_ale_lives
else:
    action_probs = policy(sess, state, epsilon)

steps_in_this_life += 1
if (steps_in_this_life < num_no_ops_this_life and not
time_to_fire):
    # no-op
    action_probs = [1.0, 0.0, 0.0, 0.0] # no-op
```

15）使用 NumPy 的 random.choice 来执行操作，它使用 action_probs 概率。然后，开始渲染环境。info['ale.lives'] 可以得知 agent 的剩余生命数，以确定 agent 是否在当前时间步长中失去了生命。在 DeepMind 论文中，根据奖励的符号将奖励设置为 +1 或 −1，以便能够比较不同的游戏。这是用 np.sign(reward) 完成的，此处暂时不使用它。接下来处理 next_state_img 以转换为所需大小的灰度，然后将其附加到 next_state 向量，next_state 向量保持四个连续帧的序列。获得的奖励用于增加 episode_rewards 和 time_steps：

```
action = np.random.choice(np.arange(len(action_probs)),
p=action_probs)
env.render()
next_state_img, reward, done, info =
env.step(VALID_ACTIONS[action])
info_ale_lives = int(info['ale.lives'])

# rewards = -1,0,+1 as done in the paper
#reward = np.sign(reward)

next_state_img = state_processor.process(sess, next_state_img)

# state is of size [84,84,4]; next_state_img is of size[84,84]
#next_state = np.append(state[:,:,1:], np.expand_dims(next_state,
2), axis=2)
next_state = np.zeros((84,84,4),dtype=np.uint8)
next_state[:,:,0] = state[:,:,1]
next_state[:,:,1] = state[:,:,2]
next_state[:,:,2] = state[:,:,3]
next_state[:,:,3] = next_state_img

episode_rewards += reward
time_steps += 1
```

16）**更新网络**：如果处于训练模式，则更新网络。首先，如果超过大小，将丢弃重放内存中最旧的元素。然后，将最近的元组（state, action, reward, next_state, done）附加到重放内存中。注意，如果已经失去了一条生命，那么在最后一个时间步长中处理 done=True，以便 agent 学习避免生命损失；否则 done=True 只有在事件结束时，即所有生命都失去时才能获得经验。然而，我们也希望 agent 能够自己意识到生命的损失。

17）**从重放缓冲区小批量采样**：从 batch_size 的重放缓冲区小批量采样。使用目标网络计算下一个状态的 Q 值（q_values_next），并使用它计算贪婪 Q 值，贪婪 Q 值用于计算目标（在前面给出的方程中为 y）。每四个时间步一次，使用 q_net.update( ) 更新 Q 网络，其频率更稳定：

```
if (train_or_test == 'train'):

    # if replay memory is full, pop the first element
    if len(replay_memory) == replay_memory_size:
        replay_memory.pop(0)

    # save transition to replay memory
    # done = True in replay memory for every loss of life
    if (ale_lives == info_ale_lives):
        replay_memory.append(Transition(state, action, reward, next_state, done))
    else:
        #print('loss of life ')
        replay_memory.append(Transition(state, action, reward, next_state, True))

    # sample a minibatch from replay memory
    samples = random.sample(replay_memory, batch_size)
    states_batch, action_batch, reward_batch, next_states_batch, done_batch = map(np.array, zip(*samples))


    # calculate q values and targets
    q_values_next = target_net.predict(sess, next_states_batch)
    greedy_q = np.amax(q_values_next, axis=1)
    targets_batch = reward_batch + np.invert(done_batch).astype(np.float32) * gamma * greedy_q

    # update net
    if (total_t % 4 == 0):
        states_batch = np.array(states_batch)
        loss = q_net.update(sess, states_batch, action_batch, targets_batch)
```

18）如果 done=True，将退出内部 while 循环；否则，将进入下一个时间步长，当前状态是上一个时间步长的新状态。还可以在屏幕上打印次数编号、次数的时间步长、在次数中获得的总奖励、当前的 ε 和次数结尾的重放缓冲区大小。这些值对以后的分析也很有用，因此将它们存储在 performance.txt 文本文件中：

```
    if done:
        #print("done: ", done)
        break

state = next_state
total_t += 1

  if (train_or_test == 'train'):
      print('\n Episode: ', ep, '| time steps: ', time_steps, '|
total episode reward: ', episode_rewards, '| total_t: ', total_t,
'| epsilon: ', epsilon, '| replay mem size: ', len(replay_memory))
  elif (train_or_test == 'test'):
      print('\n Episode: ', ep, '| time steps: ', time_steps, '|
total episode reward: ', episode_rewards, '| total_t: ', total_t,
'| epsilon: ', epsilon)

  if (train_or_test == 'train'):
      f = open("experiments/" + str(env.spec.id) +
"/performance.txt", "a+")
      f.write(str(ep) + " " + str(time_steps) + " " +
str(episode_rewards) + " " + str(total_t) + " " + str(epsilon) +
'\n')
      f.close()
```

19)下面的几行代码将完成 dqn.py。首先使用 tf.reset_default_graph( ) 函数重置 TensorFlow 图。然后创建 QNetwork 类的两个实例,q_net 和 target_net 对象。最后创建 ImageProcess 类的 state_processor 对象,并创建 TensorFlow 的 saver 对象:

```
tf.reset_default_graph()

# Q and target networks
q_net = QNetwork(scope="q",VALID_ACTIONS=VALID_ACTIONS)
target_net = QNetwork(scope="target_q",
VALID_ACTIONS=VALID_ACTIONS)

# state processor
state_processor = ImageProcess()

# tf saver
saver = tf.train.Saver()
```

20)通过调用 tf.Session( ) 来执行 TensorFlow 图。如果在训练模式中从头开始,必须初始化变量,方法是调用 tf.global_variables_initializer( ) 上的 sess.run( )。否则,如果我们处于测试模式或者处于训练模式,但不是从头开始,通过调用 saver.restore( ) 来加载最新的检查点文件。

21)replay_memory_size 参数受用户使用的 RAM 大小的限制。目前的模拟是在 16 GB 的 RAM 计算机上进行,replay_memory_size=300000。如果读取器可以访问更多的 RAM,则此参数可以使用更大的值。DeepMind 使用了值为 1000000 的重放内存。越大的重放内存越好,因为其有助于在对小批量样本进行采样时提供更多的训练数据:

```
with tf.Session() as sess:

    # load model/ initialize model
    if ((train_or_test == 'train' and train_from_scratch ==
False) or train_or_test == 'test'):
            latest_checkpoint =
tf.train.latest_checkpoint(checkpoint_dir)
            print("loading model ckpt
{}...\n".format(latest_checkpoint))
            saver.restore(sess, latest_checkpoint)
    elif (train_or_test == 'train' and train_from_scratch ==
True):# run
            sess.run(tf.global_variables_initializer())

    deep_q_learning(sess, env, q_net=q_net,
target_net=target_net, state_processor=state_processor,
num_episodes=25000,
train_or_test=train_or_test,train_from_scratch=train_from_scratch,
start_iter=start_iter, start_episode=start_episode,
replay_memory_size=300000, replay_memory_init_size=5000,
update_target_net_every=10000, gamma=0.99,
epsilon_start=epsilon_start, epsilon_end=[0.1,0.01],
epsilon_decay_steps=[1e6,1e6], batch_size=32)
```

3.6 验证 DQN 在 Atari Breakout 上的性能

使用之前在代码中编写的 performance.txt 文件来绘制 DQN 算法在 Breakout 中的性能。使用 matplotlib 绘制两个图形包括：

1）每个回合的时间步长与总回合数。

2）总事件奖励与时间步长。

1）**使用 DQN 绘制 Atari Breakout 的时间步长与事件数**：首先，图 3.1 给出每个训练事件中 agent 加载的时间步长。可以看出，在大约 10000 个回合之后，

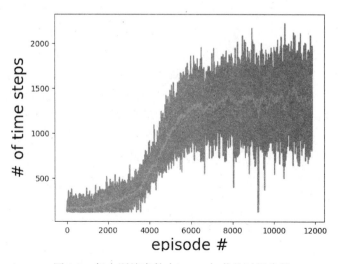

图 3.1　每个训练事件中 agent 加载的时间步长

agent 已经学会了在每回合 2000 个时间步的峰值下生存（蓝色曲线）。图中还给出了加权指数移动平均值，加权程度 a=0.02，用橙色表示。训练结束时，平均每回合持续的时间步长约为 1400 步。

2）回合奖励与时间步长：图 3.2 给出了使用 DQN 算法绘制 Atari Breakout 的总回合奖励与时间步长。可以看到，在训练结束时，峰值回合奖励接近 400（蓝色曲线），指数加权移动平均值约为 160 到 180。由于 RAM 的限制，此处使用了 300000 的重放内存，按照如今的标准，这是相当小的内存。如果使用更大的重放内存，则可以获得更高的平均回合奖励。有兴趣的读者可以自行尝试。

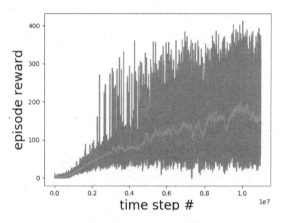

图 3.2　使用 DQN 算法绘制 Atari Breakout 的总回合奖励与时间步长

总结

本章介绍了第一个深度强化学习算法 DQN，是当今较流行的强化学习算法之一。同时学习了 DQN 背后的理论，还研究了目标网络的概念和使用，以稳定训练。还介绍了 Atari 环境，它是目前强化学习中较流行的环境套件之一。事实上，目前发表的许多强化学习论文都将他们的算法应用于 Atari 的游戏中，并报告了它们的回合奖励，将它们与使用其他算法研究人员报告的相应值进行了比较。因此，Atari 环境是训练 RL agent 并进行比较以确定算法鲁棒性的一组自然的博弈。还研究了重放缓冲区的使用，并了解了为什么在非策略算法中使用重放缓冲区。

本章为深入研究深度强化学习奠定了基础。在下一章中，我们将研究其他 DQN 扩展，例如 DDQN、竞争网络结构和 Rainbow 网络。

思考题

1. 为什么在 DQN 中使用重放缓冲区？
2. 为什么要使用目标网络？
3. 为什么将四个帧堆叠成一个状态？一帧就足以代表一种状态吗？

4. 为什么有时需要 Huber 损失而不是 L2 损失？

5. 将 RGB 输入图像转换为灰度，可以改为使用 RGB 图像作为网络的输入吗？使用 RGB 图像而不是灰度图像的利弊是什么？

扩展阅读

- Playing Atari with Deep Reinforcement Learning, by Volodymyr Mnih, Koray Kavukcuoglu, David Silver, Alex Graves, Ioannis Antonoglou, Daan Wierstra, and Martin Riedmiller, arXiv:1312.5602: https://arxiv.org/abs/1312.5602
- Human-level control through deep reinforcement learning by Volodymyr Mnih, Koray Kavukcuoglu, David Silver, Andrei A. Rusu, Joel Veness, Marc G. Bellemare, Alex Graves, Martin Riedmiller, Andreas K. Fidjeland, Georg Ostrovski, Stig Petersen, Charles Beattie, Amir Sadik, Ioannis Antonoglou, Helen King, Dharshan Kumaran, Daan Wierstra, Shane Legg, and Demis Hassabis, Nature, 2015: https://www.nature.com/articles/nature14236

第 4 章
Double DQN、竞争网络结构和 Rainbow

第 3 章讨论了深度 Q 网络（DQN）算法，以及如何用 Python 和 TensorFlow 实现，并训练它来玩 Atari Breakout 游戏。在 DQN 中，使用相同的 Q 网络来选择和评估一个动作。这会高估 Q 值，导致过度乐观的估计值。为了缓解这种情况，DeepMind 发表了另一篇论文，提出了分离动作选择和动作评估的想法。这是 Double DQN（DDQN）架构的关键，将在本章中进行研究。

之后，DeepMind 发表了另一篇论文，提出包含两个输出值的 Q 网络架构，一个代表价值函数 $V(s)$，另一个是在给定状态下采取行动的优势函数 $A(s,a)$。DeepMind 将这两者组合起来计算 $Q(s,a)$ 动作值，而不是像 DQN 和 DDQN 那样，直接确定它的取值。这些 Q 网络架构被称为竞争网络结构，因为此时神经网络具有双输出值 $V(s)$ 和 $A(s,a)$，随后被组合以获得 $Q(s,a)$。本章将学习这些双重网络。

本章中学习的另一个扩展网络是 Rainbow 网络，它是几种不同想法融合的一个混合算法。

本章将涉及的主题如下：
- 学习 DDQN 背后的理论
- 编写 DDQN，并训练它玩 Atari Breakout 游戏
- 在 Atari Breakout 上评估 DDQN 的性能
- 了解竞争网络结构
- 编写竞争网络结构，并训练它玩 Atari Breakout 游戏
- 评估 Atari Breakout 游戏中的竞争网络结构的性能
- 了解 Rainbow 网络
- 在 Dopamine 上运行 Rainbow 网络

4.1 技术需求

为了更好地学习本章，以下的知识很重要：
- Python (版本 2 或 3)
- NumPy

- Matplotlib
- TensorFlow（版本 1.4 或者以上）
- Dopamine（稍后会详细讨论）

4.2 了解 Double DQN

DDQN 是 DQN 的扩展，在贝尔曼更新中使用目标网络。具体来说，在 DDQN 中，贪婪最大化主要网络的 Q 函数来评估目标网络的 Q 函数。首先，使用 vanilla DQN 目标进行贝尔曼方程更新。然后，扩展到 DDQN 以进行相同的贝尔曼方程更新，这是 DDQN 算法的关键。之后，在 TensorFlow 中编写 DDQN 代码来玩 Atari Breakout 游戏。最后，对比 DQN 和 DDQN 两种算法。

更新贝尔曼方程

在 vanilla DQN 中，贝尔曼更新的目标如下：

$$y_t^{DQN} = r_{t+1} + \gamma \max_a Q(s', a; \theta_t)$$

θ_t 表示目标网络的模型参数。上式会导致 Q 函数的过度预测，因此更改 DDQN，将目标值 y_t 替换为：

$$y_t^{DDQN} = r_{t+1} + \gamma Q(s', \arg\max_a Q(s', a; \theta); \theta_t)$$

必须区分 Q 网络参数 θ 和目标网络模型参数 θ_t。

4.2.1 编写 DDQN 并训练解决 Atari Breakout 问题

现在用 TensorFlow 编写 DDQN 来解决 Atari Breakout 问题。如前文所述，有三个 Python 文件：

- funcs.py
- model.py
- ddqn.py

funcs.py 和 model.py 与第 3 章中 DQN 用到的文件相同，ddqn.py 是实现 DDQN 唯一需要改动的文件。我们将会使用前面章节中的 dqn.py 文件，并将其改造成 DDQN 的代码，并将其重命名为 DDQN.py。

本节将总结为编写 ddqn.py 而做出的改动，事实上这部分改动很小，无需删除文件中 DQN 相关的代码。取而代之的是，使用 if 语句在两种算法中做出选择。这可以帮助我们用一份代码实现两种算法，也是一种更好的编码方式。

首先定义一个变量 ALGO，这个变量会存储 DQN 或者 DDQN 中的一个字符串，通过这个变量来选择使用哪种算法：

```
ALGO = "DDQN" #"DQN" # DDQN
```

在评估小批量目标的代码行中，使用 if 语句来决定要使用的算法是 DQN 还是 DDQN，并相应地计算目标。请注意，在 DQN 中，greedy_q 变量存储了贪婪动作所对应的 Q 值，即目标网络中最大的 Q 值，该值使用 np.amax( ) 函数计算，然后用于计算目标变量 targets_batch。

另一方面，在 DDQN 中，计算主 Q 网络中最大 Q 对应的动作，将其存储在贪婪的 Q 中，并使用 np.argmax( ) 进行计算。然后，在目标网络 Q 值中使用 greedy_q（现在表示一个动作）。注意，对于终端时间步长，即 done=True，不应该考虑下一个状态；对于非终端步长，done=False，可以考虑下一个步骤。在 done_batch 处理上使用 np.invert( ).astype(np.float32) 很容易完成。以下代码给出了 DDQN 的实现过程：

```
# calculate q values and targets

if (ALGO == 'DQN'):

    q_values_next = target_net.predict(sess, next_states_batch)
    greedy_q = np.amax(q_values_next, axis=1)
    targets_batch = reward_batch + np.invert(done_batch).astype(np.float32)
* gamma * greedy_q

elif (ALGO == 'DDQN'):
    q_values_next = q_net.predict(sess, next_states_batch)
    greedy_q = np.argmax(q_values_next, axis=1)
    q_values_next_target = target_net.predict(sess, next_states_batch)
    targets_batch = reward_batch + np.invert(done_batch).astype(np.float32)
* gamma * q_values_next_target[np.arange(batch_size), greedy_q]
```

这就是 ddqn.py，将在 Atari Breakout 问题中评估这个算法。

4.2.2　在 Atari Breakout 问题中评估 DDQN 的性能

使用代码中的 performance.txt 文件来绘制 DDQN 算法在 Atari Breakout 问题中的性能图，使用 matplotlib 按照如下所述的方式绘制两幅图。

用 DDQN 及其指数加权移动平均值表示在 Atari Breakout 问题中每回合的时间步长，如图 4.1 所示。很明显，在训练结束前，许多场景的时间步长峰值约为 2000，其中一个场景甚至超过 3000 个时间步长。接近训练结束时移动平均值大约为 1500 个时间步长。

图 4.2 给出了每回合收到的总奖励与全局时间步长之间的关系。最高每回合奖励超过 350，平均值接近 150。有趣的是，移动平均线（橙色）在接近尾声时仍在增加，这意味着拥有更长的训练时间来获得更多的收益。这个问题留给感兴趣的读者研究。

注意，由于内存限制（16GB），此例只使用了 300000 的重放缓冲区。如果用户有更多的内存，可以使用更大的重放缓冲区，例如 500000~1000000，这样可以得到更好的分数。

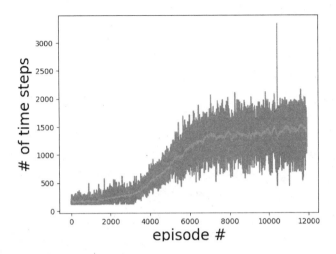

图 4.1　用 DDQN 及其指数加权移动平均值表示 Atari Breakout 问题中每回合的时间步长

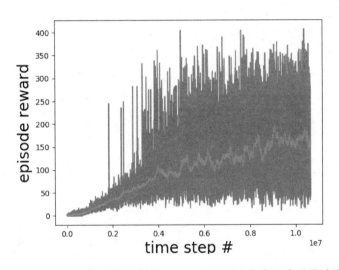

图 4.2　Atari Breakout 问题中使用 DDQN 时间步长与每回合总奖励关系

如上所述，DDQN agent 正在学习如何更好地进行 Atari Breakout 游戏。每回合奖励的移动平均值不断上升，意味着可以训练更长的时间来获得更高的奖励。这种奖励的上升趋势证明了 DDQN 算法对此类问题的有效性。

4.3　理解竞争网络结构

在 DQN 和 DDQN 以及文献中的其他 DQN 变体中，重点主要是算法，即如何高效、稳定地更新价值函数神经网络。尽管这对于开发鲁棒的强化学习算法至关重要，但推动该领域发展的一个相似但互补的方向是创新和开发适合无模型强化学习的新型神经网络结构。这正是竞争网络结构背后的概念,也是 DeepMind 的另一个贡献。

竞争网络结构中包含的步骤如下:

1)竞争网络结构;与标准的 DQN 作比较。

2)计算 $Q(s,a)$。

3)从优势函数中减去优势的平均值。

由前文可知,DQN 中 Q 网络的输出是 $Q(s,a)$,即行为 – 价值函数。在竞争网络中,Q 网络有两个输出值:状态价值函数 $V(s)$ 和优势函数 $A(s,a)$。可以将它们结合起来计算状态 – 动作价值函数 $Q(s,a)$。这样做的好处是网络不需要学习每个状态下每个动作的价值函数,这在行为不影响环境的状态下尤其有用。

如果一辆汽车在笔直的没有其他车辆的公路上行驶,那么不需要做出任何行为,在这种状态下使用 $V(s)$ 就足够了。但如果道路突然出现了弯道或其他车辆进入汽车的附近,就需要采取措施。因此,在这些状态下,优势函数开始发挥作用,以找到给定的行动可以提供超过状态价值函数的递增收益。这是通过使用两个不同的分支将同一网络中的 $V(s)$ 和 $A(s,a)$ 的估计分离,然后将它们组合在一起。

标准 DQN 网络和竞争网络结构如图 4.3 所示。

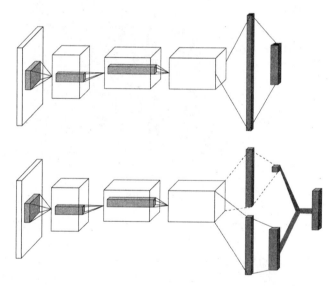

图 4.3 标准 DQN 网络(上)和竞争网络结构(下)

可以通过下面的公式计算动作 – 价值函数 $Q(s,a)$:

$$Q(s,a)=V(s)+A(s,a)$$

然而,这并不是唯一的,因为可以用 $V(s)$ 来预测一个量 δ,而用 $A(s,a)$ 来预测同样的量 δ,这使得神经网络预测无法识别。为了避免这个问题,竞争网络论文的作者建议采用以下方法将 $V(s)$ 和 $A(s,a)$ 结合起来:

$$Q(s,a;\theta,\alpha,\beta) = V(s;\theta,\beta) + [A(s,a;\theta,\alpha) - \frac{1}{|A|}\sum_{a} A(s,a;\theta,\alpha)]$$

式中，$|A|$ 表示动作数，θ 表示 $V(s)$ 和 $A(s,a)$ 流之间共享的神经网络参数；此外，α 和 β 用于表示两个不同流（即 $A(s,a)$ 流和 $V(s)$ 流）中的神经网络参数。从本质上讲，在前面的方程中，从优势函数值中减去平均优势函数值，然后将与状态价值函数求和，得到 $Q(s,a)$。

竞争网络结构论文的链接为 https://arxiv.org/abs/1511.06581。

4.3.1 编写竞争网络结构并训练其解决 Atari Breakout 问题

下面编写竞争网络结构代码，并训练其解决 Atari Breakout 问题。实现竞争网络结构需要如下代码：

- model.py
- funcs.py
- dueling.py

对于 funcs.py，其以前用于 DDQN，所以可以再次使用。dueling.py 代码也与 ddqn.py 相同（只是重命名）。因此，只需更改 model.py。从 DDQN 复制相同的 model.py 文件，并总结对竞争网络结构所做的更改，所涉及的步骤如下：

首先在 model.py 中创建一个名为 DUELING 的布尔变量，如果使用竞争网络结构，则将其赋为 True；否则，将其赋为 False：

```
DUELING = True # False
```

使用 if 语句编写代码，如果 DUELING 变量取值为 False，使用之前在 DDQN 中使用的代码；如果 DUELING 变量取值为 True，则使用竞争网络。使用 flattened 对象，即卷积层输出的扁平版本来创建两个子神经网络流。使用先前定义的 relu 激活函数和 winit 权重初始值设定项，分别将扁平化的数据发送到具有 512 个神经元的两个不同的全连接层中，这些全连接层的输出值分别称为 valuestream 和 advantagestream：

```
if (not DUELING):

    # Q(s,a)
    self.predictions = tf.contrib.layers.fully_connected(fc1,
len(self.VALID_ACTIONS), activation_fn=None, weights_initializer=winit)

else:

    # Deuling network
    # branch out into two streams using flattened (i.e., ignore fc1 for Dueling DQN)

    valuestream = tf.contrib.layers.fully_connected(flattened, 512,
activation_fn=tf.nn.relu, weights_initializer=winit)
    advantagestream = tf.contrib.layers.fully_connected(flattened, 512,
activation_fn=tf.nn.relu, weights_initializer=winit)
```

结合 V 和 A 得到 Q

advantagestream 对象被传递到一个全连接层中，该层的神经元数等于动作数，即 len(self.valid_actions)。同样，valuestream 对象被传递到具有一个神经元的完全连接层中。注意，不使用激活函数来计算优势函数和状态价值函数，因为它们可以是正的，也可以是负的（relu 会把所有的负值都设置为零）。最后，使用 tf.subtract( ) 将优势流和价值流结合起来，以减去优势函数的平均值。平均值使用 advantage 函数中的 tf.reduce_mean( ) 计算：

```
# A(s,a)
self.advantage = tf.contrib.layers.fully_connected(advantagestream,
len(self.VALID_ACTIONS), activation_fn=None, weights_initializer=winit)

# V(s)
self.value = tf.contrib.layers.fully_connected(valuestream, 1,
activation_fn=None, weights_initializer=winit)
# Q(s,a) = V(s) + (A(s,a) - 1/|A| * sum A(s,a'))
self.predictions = self.value + tf.subtract(self.advantage,
tf.reduce_mean(self.advantage, axis=1, keep_dims=True))
```

这就是对竞争网络结构进行编码的方法。用竞争网络结构训练一个 agent，并评估它在 Atari Breakout 问题中的性能。请注意，可以将竞争结构与 DQN 或 DDQN 结合使用。也就是说，只改变神经网络的结构，而不是实际的 Bellman 更新，所以竞争结构与 DQN 和 DDQN 一起工作。

4.3.2 在 Atari Breakout 中评估竞争网络结构的性能

使用在训练 agent 期间编写的 performance.txt 文件，绘制带有 DDQN 的竞争网络结构在 Atari Breakout 问题的性能。下面使用 matplotlib 绘制两个图。

在图 4.4 中，用 DDQN（蓝色）和它的指数加权移动平均值（橙色）来表示每回合在 Atari Breakout 上的时间步长。很明显，在训练结束前，许多场景的时间

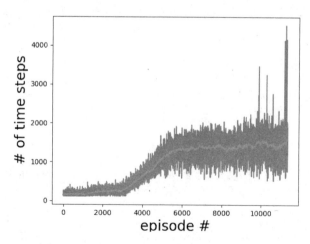

图 4.4　使用竞争网络结构和 DDQN 在 Atari Breakout 问题中每回合的时间步长

步长峰值约为2000，有些场景甚至超过4000个时间步长。训练结束前移动平均值大约为1500个时间步长。

图4.5给出了每回合收到的总奖励与全局时间步长的关系。最高回合奖励超过400，移动平均值（橙色）接近220，还注意到移动平均值在接近尾声时仍在增加，这意味着越长时间的训练可以获得越多的收益。总的来说，与非竞争结构相比，竞争网络结构的平均回报更高，因此强烈建议使用竞争结构。

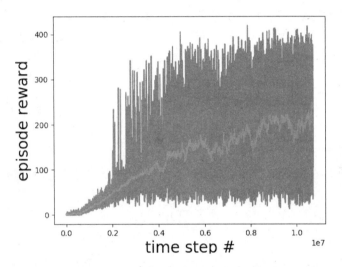

图4.5 使用竞争网络结构和DDQN在Atari Breakout问题中总奖励与全局时间步长关系

注意，由于内存限制（16GB），此例使用的重放缓冲区大小只有300000。如果用户使用更多的内存，可以选择更大的重放缓冲区，例如，500000~1000000，这样可以得到更好的结果。

4.4 了解Rainbow网络

下面介绍Rainbow网络，这是几个不同DQN改进的集合。自有关DQN的论文问世以来，出现了几种不同的改进方案，取得了显著的成功。这促使DeepMind将几个不同的改进方案组合成一个集成agent，称之为Rainbow DQN。具体来说，六种不同的DQN改进组合成一种集成的Rainbow DQN agent。这六项改进概括如下：

- DDQN
- 竞争网络结构
- 先验经验重放
- 多步骤学习
- 分布式强化学习
- 噪声网络

DQN 改进

前文已经介绍了 DDQN 和竞争网络结构，并用 TensorFlow 对它们进行了编码。其余的改进将在下面描述。

1. 先验经验重放

对于一个重放缓冲区，其中所有的样本都具有相同的被采样概率。然而，这并不是非常有效，因为有些样本比其他样本更重要。这就是为什么需要先验经验重放，其中具有更高**时间差（TD）**误差的样本以比其他样本更高的概率进行采样。第一次将样本添加到重放缓冲区时，将设置最大优先级值，以确保缓冲区中的所有样本至少采样一次。此后，TD 误差用于确定要采样的经验概率，计算公式如下：

$$\text{prob.} \propto |r + \gamma \max_a Q(s',a';\theta') - Q(s,a;\theta)|^\omega$$

式中，r 是奖励；θ 是主要的 Q 网络模型参数；θ' 是目标网络参数；ω 是一个确定分布形状的正超参数。

2. 多步骤学习

在 Q-learning 中，积累一个单个奖励，并在下一步使用贪婪操作。也可以使用多步目标，并从单个状态计算一个 n 步返回：

$$r_t^{(n)} = \sum_{k=0}^{n-1} \gamma^k r_{t+k+1}$$

n 步返回的值 $r_t^{(n)}$ 在 Bellman 的更新中使用，可以更快地学习。

3. 分布式强化学习

在分布式强化学习中涉及收益的近似分布，而不是期望收益。由于在数学上比较复杂，超出了本书的范围，在此不做进一步讨论。

4. 噪声网络

在某些游戏中（例如 Montezuma's revenge），ε-greedy 并不奏效，因为在收到第一个奖励之前，需要执行许多动作。在此设置下，建议使用结合确定性流和噪声流的噪声线性层：

$$y = (b + Wx) + [b^{noisy} \cdot \varepsilon^b + (W^{noisy} \cdot \varepsilon^W)x]$$

式中，x 是输入；y 是输出；b 和 W 是确定性流中的偏置和权重；b^{noisy} 和 W^{noisy} 分别是噪声流中的偏置和权重；ε^b 和 ε^W 是随机变量，与偏置和权重做点乘。在噪声流中，网络可以选择忽略状态空间某些区域中的噪声流并根据需要使用，这就允许使用状态确定的探索策略。

本书不会对完整的 Rainbow DQN 进行编码，因为其过于繁杂。作为替代，下一节将介绍如何使用一个名为 Dopamine 的开源框架来训练 Rainbow DQN agent。

4.5 在 Dopamine 上运行 Rainbow 网络

2018 年，谷歌的工程师们发布了一个开源、轻量级、基于 TensorFlow 的框架来训练 RL agent，称作 Dopamine，其拼写与术语多巴胺相同。Dopamine 是一种在大脑中起重要作用的有机化学物质的名称。下面使用 Dopamine 来运行 Rainbow。

Dopamine 框架基于四个设计原则：

- 易于实验
- 开发灵活
- 体量小且可靠
- 可复现

从 GitHub 上下载 Dopamine，可以在命令行中输入如下命令：

```
git clone https://github.com/google/dopamine.git
```

可以通过在命令行中输入下列命令判断 Dopamine 是否安装成功：

```
cd dopamine
export PYTHONPATH=${PYTHONPATH}:.
python tests/atari_init_test.py
```

输出结果与下面的内容相似：

```
2018-10-27 23:08:17.810679: I tensorflow/core/platform/cpu_feature_guard.cc:141] Your CPU supports instructions that this TensorFlow binary was not compiled to use: SSE4.1 SSE4.2 AVX AVX2 FMA
2018-10-27 23:08:18.079916: I tensorflow/stream_executor/cuda/cuda_gpu_executor.cc:897] successful NUMA node read from SysFS had negative value (-1), but there must be at least one NUMA node, so returning NUMA node zero
2018-10-27 23:08:18.080741: I tensorflow/core/common_runtime/gpu/gpu_device.cc:1392] Found device 0 with properties:
name: GeForce GTX 1060 with Max-Q Design major: 6 minor: 1
memoryClockRate(GHz): 1.48
pciBusID: 0000:01:00.0
totalMemory: 5.93GiB freeMemory: 5.54GiB
2018-10-27 23:08:18.080783: I tensorflow/core/common_runtime/gpu/gpu_device.cc:1471] Adding visible gpu devices: 0
2018-10-27 23:08:24.476173: I tensorflow/core/common_runtime/gpu/gpu_device.cc:952] Device interconnect StreamExecutor with strength 1 edge matrix:
2018-10-27 23:08:24.476247: I tensorflow/core/common_runtime/gpu/gpu_device.cc:958] 0
2018-10-27 23:08:24.476273: I tensorflow/core/common_runtime/gpu/gpu_device.cc:971] 0: N
2018-10-27 23:08:24.476881: I tensorflow/core/common_runtime/gpu/gpu_device.cc:1084] Created TensorFlow device (/job:localhost/replica:0/task:0/device:GPU:0 with 5316 MB memory) -> physical GPU (device: 0, name: GeForce GTX 1060 with Max-Q Design, pci bus id: 0000:01:00.0, compute capability: 6.1)
…

Ran 2 tests in 8.475s

OK
```

最后看到 OK，说明下载过程中一切正常。

使用 Dopamine 运行 Rainbow

为了运行 Rainbow DQN，在命令行输入下列命令：

```
python -um dopamine.atari.train --agent_name=rainbow --base_dir=/tmp/dopamine --gin_files='dopamine/agents/rainbow/configs/rainbow.gin'
```

Dopamine 开始训练 Rainbow DQN，在屏幕上打印出训练统计数据，并保存检查点文件。配置文件存储在以下路径中：

```
dopamine/dopamine/agents/rainbow/configs/rainbow.gin
```

它看起来像下面的代码。game_name 设置为 Pong 作为默认值，可以随意尝试其他 Atari 游戏。训练的 agent 步骤数量在 training_steps 中设置，评估在 evaluation_steps 中设置。此外，它还采用粘性行为（sticky actions）的概念，将随机性引入训练，其中最近的行为重复多次，概率为 0.25。也就是说，如果均匀分布随机数（使用 numpy 的 np.random.rand( ) 计算）小于 0.25，则会重复最近的行为；否则，会从策略中采取新的行为。

粘性行为是一种将随机性引入学习的新方法，代码如下：

```
# Hyperparameters follow Hessel et al. (2018), except for sticky_actions,
# which was False (not using sticky actions) in the original paper.
import dopamine.agents.rainbow.rainbow_agent
import dopamine.atari.run_experiment
import dopamine.replay_memory.prioritized_replay_buffer
import gin.tf.external_configurables

RainbowAgent.num_atoms = 51
RainbowAgent.vmax = 10.
RainbowAgent.gamma = 0.99
RainbowAgent.update_horizon = 3
RainbowAgent.min_replay_history = 20000 # agent steps
RainbowAgent.update_period = 4
RainbowAgent.target_update_period = 8000 # agent steps
RainbowAgent.epsilon_train = 0.01
RainbowAgent.epsilon_eval = 0.001
RainbowAgent.epsilon_decay_period = 250000 # agent steps
RainbowAgent.replay_scheme = 'prioritized'
RainbowAgent.tf_device = '/gpu:0'  # use '/cpu:*' for non-GPU version
RainbowAgent.optimizer = @tf.train.AdamOptimizer()

# Note these parameters are different from C51's.
tf.train.AdamOptimizer.learning_rate = 0.0000625
tf.train.AdamOptimizer.epsilon = 0.00015

Runner.game_name = 'Pong'
# Sticky actions with probability 0.25, as suggested by (Machado et al.,
2017).
Runner.sticky_actions = True
Runner.num_iterations = 200
Runner.training_steps = 250000 # agent steps
```

```
Runner.evaluation_steps = 125000 # agent steps
Runner.max_steps_per_episode = 27000 # agent steps

WrappedPrioritizedReplayBuffer.replay_capacity = 1000000
WrappedPrioritizedReplayBuffer.batch_size = 32
```

读者可以自由地试验超参数，这是一个很好的方法来确定不同超参数对 RL agent 学习的敏感性。

总结

本章介绍了 DDQN、竞争网络结构和 Rainbow DQN，将以前的 DQN 代码扩展到了 DDQN 和双重结构，并在 Atari Breakout 上进行了尝试。可以清楚地看到，借助这些改进，平均回合奖励会更高，因此这些改进是自然的选择。还介绍了谷歌的 Dopamine，并用它训练了 Rainbow DQN agent。Dopamine 还有其他几种强化学习算法，鼓励读者深入研究，并尝试其他强化学习算法。

这一章深入探讨了 DQN 的变种，涉及了很多强化学习算法编码。下一章将学习深度确定性策略梯度（Deep Deterministic Policy Gradient, DDPG）的强化学习算法，它是本书的第一个 Actor-Critic 强化学习算法和连续动作空间强化学习算法。

思考题

1. 为什么 DDQN 比 DQN 性能更好？
2. 竞争网络结构在训练中如何起作用？
3. 为什么先验经验重放会加速训练？
4. 粘性行为在训练中有何帮助？

扩展阅读

- The DDQN paper, Deep Reinforcement Learning with Double Q-learning, by Hadovan Hasselt, Arthur Guez, and David Silver can be obtained from the following link, and the interested reader is recommended to read it: https://arxiv.org/abs/1509.06461
- Rainbow: Combining Improvements in Deep Reinforcement Learning, Matteo Hessel, Joseph Modayil, Hado van Hasselt, Tom Schaul, Georg Ostrovski, Will Dabney, Dan Horgan, Bilal Piot, Mohammad Azar, and David Silver, arXiv:1710.02298 (the Rainbow DQN): https://arxiv.org/abs/1710.02298
- Prioritized Experience Replay, Tom Schaul, John Quan, Ioannis Antonoglou, David silver, arXiv:1511.05952: https://arxiv.org/abs/1511.05952
- Multi-Step Reinforcement Learning: A Unifying Algorithm, Kristopher de Asis,

J Fernando Hernandez-Garcia, G Zacharias Holland, Richard S Sutton: https://arxiv.org/pdf/1703.01327.pdf

- Noisy Networks for Exploration, by Meire Fortunato, Mohammad Gheshlaghi Azar, Bilal Piot, Jacob Menick, Ian Osband, Alex Graves, Vlad Mnih, Remi Munos, Demis Hassabis, Olivier Pietquin, Charles Blundell, and Shane Legg, arXiv:1706.10295: https://arxiv.org/abs/1706.10295

第 5 章
深度确定性策略梯度

前面的章节介绍了如何使用强化学习来解决离散行为问题，例如在 Atari 游戏中出现的问题。在此基础上，可以解决持续的、有真正价值的行为问题。连续控制的问题有很多，例如机械臂的电动机转矩；自动汽车的转向、加速和制动；地上的轮式机器人运动；无人机的滚动、俯仰和偏航控制等。对于这些问题，可以在强化学习背景下训练神经网络以输出有真正价值的行为。

许多连续控制算法涉及两个神经网络：一个为 actor（基于策略），另一个为 critic（基于价值）。因此，这一系列算法称为 Actor-Critic 算法。actor 的角色是学习一个好的策略，以预测给定状态下的好行为。critic 的作用是确定 actor 是否采取了好的行为，并提供反馈作为 actor 的学习信号。这类似于学生–老师或员工–老板之间的关系，其中学生或员工承担一项任务或工作，老师或老板提供对其行为质量的反馈。

连续控制强化学习的基础是策略梯度，它是对神经网络权重变化的合理估计，以便最大化长期累积折扣奖励。具体地说，其使用链式规则，是对需要反向传播到 actor 网络中以改进策略的梯度估计，被评估为一小批样品的平均值。本章将讨论以上内容。特别地，本章将介绍深度确定性策略梯度（DDPG）的算法，这是一种最先进的用于连续控制的强化学习算法。

连续控制有许多实际应用。例如，连续控制可以评估自动驾驶汽车的转向、加速和制动，可以用于确定机器人行动所需的转矩，还可以用于生物医学，比如确定人类运动的肌肉控制。

本章将会包含如下内容：
- Actor-Critic 算法和策略梯度
- 深度确定性策略梯度
- 在 Pendulum-v0 中训练和测试 DDPG

5.1 技术需求

为了成功完成本章节内容学习，需要安装以下软件：
- Python（2 和以上版本）
- Numpy

- Matplotlib
- TensorFlow（1.4 版本或更高版本）
- 一台内存至少为 8GB 的计算机（更高配置更好）

5.2 Actor-Critic 算法和策略梯度

本节介绍什么是 Actor-Critic 算法和策略梯度，以及它们如何应用于 Actor-Critic 算法。

举一个学生在学校如何学习的例子。学生在学习时通常会犯很多错误。当他们学得很好时，他们的老师会提供积极的反馈；而如果学生在一项任务上做得不好，老师会提供负面反馈。这个反馈可以作为学生更好地完成任务的学习信号。这就是 Actor-Critic 算法。

Actor-Critic 算法包括的步骤如下：

- 两个神经网络：一个为 actor，另一个为 critic
- actor 就像学生，在给定的状态下采取行动
- critic 就像老师，为 actor 提供学习的反馈
- 与老师不同，critic 网络也应该从头开始训练，这使得问题具有挑战性
- 策略梯度用于训练 actor
- Bellman 更新的 L2 范数用于训练 critic

策略梯度

策略梯度定义如下：

$$\nabla_\theta J = \frac{1}{N} \sum_i \nabla_a Q(s,a) \nabla_\theta \pi(s)$$

J 是需要最大化的长期奖励函数，θ 是策略神经网络参数，n 是小批量大小，$Q(s,a)$ 是状态动作值函数，π 是策略。换言之，此式计算了动作－价值函数相对于行为的梯度，以及策略相对于网络参数的梯度，并将它们相乘，然后从一个小批量中取 N 个数据样本的平均值。然后，可以在梯度上升设置中使用此策略梯度来更新策略参数。请注意，它本质上是计算策略梯度的微积分链式规则（chain rule of calculus）。

5.3 深度确定性策略梯度

本节将深入研究 DDPG 算法，这是一种目前最先进的用于连续控制的强化学习算法之一。它最初由 Google DeepMind 于 2016 年发布，并在社区中引起了大家广泛的兴趣，此后又提出了几种新的变体。与 DQN 的情况一样，DDPG 也使用目标网络来保持稳定性。它还使用重放缓冲区来重新使用过去的数据。因此，DDPG 是一种异步策略的强化学习算法。

ddpg.py 文件是开始训练和测试的主文件。它将调用 TrainOrTest.py 中的训练或测试函数。AandC.py 文件包含 actor 和 critic 网络的 TensorFlow 代码。replay_buffer.py 使用双向队列数据结构将样本存储在重放缓冲区中。下面将训练 DDPG 学会倒立摆（pendulum）。使用 Openai Gym 的倒立摆有三种状态和一个连续动作，即施加转矩使倒立摆保持垂直倒立。

5.3.1 编写 ddpg.py

首先编写 ddpg.py 文件，其中包含的步骤如下：

1) **导入需要的包**：导入必需的包和其他的 Python 文件：

```python
import tensorflow as tf
import numpy as np
import gym
from gym import wrappers

import argparse
import pprint as pp
import sys

from replay_buffer import ReplayBuffer
from AandC import *
from TrainOrTest import *
```

2) **定义训练函数 train( )**：定义 train( ) 函数需要一个参数解析器对象 args。创建一个 TensorFlow 会话 sess。环境的名称用于在 Gym 环境中存储 env 对象。为环境事件设置随机种子数和最大步数，同时设置状态和动作的维数 state_dim 和 action_dim，在 Pendulum-v0 中分别取值 3 和 1。然后创建 actor 和 critic 对象，这些对象是 ActorNetwork 类和 CriticNetwork 类的实例，稍后将在 AandC.py 文件中分别描述。调用 trainDDPG( ) 函数，该函数启动对 RL agent 的训练。最后，使用 tf.train.Saver( ) 和 saver.save( ) 来保存 TensorFlow 模型：

```python
def train(args):

    with tf.Session() as sess:

        env = gym.make(args['env'])
        np.random.seed(int(args['random_seed']))
        tf.set_random_seed(int(args['random_seed']))
        env.seed(int(args['random_seed']))
        env._max_episode_steps = int(args['max_episode_len'])

        state_dim = env.observation_space.shape[0]
        action_dim = env.action_space.shape[0]
        action_bound = env.action_space.high

        actor = ActorNetwork(sess, state_dim, action_dim,
            action_bound, float(args['actor_lr']), float(args['tau']),
            int(args['minibatch_size']))

        critic = CriticNetwork(sess, state_dim, action_dim,
```

```
                    float(args['critic_lr']), float(args['tau']),
float(args['gamma']), actor.get_num_trainable_vars())

        trainDDPG(sess, env, args, actor, critic)

        saver = tf.train.Saver()
        saver.save(sess, "ckpt/model")
        print("saved model ")
```

3）**定义测试函数 test( )**：测试函数 test( ) 将在完成训练并测试 agent 表现如何时使用。test( ) 函数的代码如下，与 train( ) 函数非常相似。使用 tf.train.Saver( ) 和 saver.restore( ) 从 train( ) 中恢复保存的模型，调用 testDDPG( ) 函数来测试模型：

```
def test(args):

    with tf.Session() as sess:

        env = gym.make(args['env'])
        np.random.seed(int(args['random_seed']))
        tf.set_random_seed(int(args['random_seed']))
        env.seed(int(args['random_seed']))
        env._max_episode_steps = int(args['max_episode_len'])

        state_dim = env.observation_space.shape[0]
        action_dim = env.action_space.shape[0]
        action_bound = env.action_space.high

        actor = ActorNetwork(sess, state_dim, action_dim,
action_bound, float(args['actor_lr']), float(args['tau']),
int(args['minibatch_size']))

        critic = CriticNetwork(sess, state_dim, action_dim,
                    float(args['critic_lr']), float(args['tau']),
float(args['gamma']), actor.get_num_trainable_vars())

        saver = tf.train.Saver()
        saver.restore(sess, "ckpt/model")

        testDDPG(sess, env, args, actor, critic)
```

4）**定义主函数**：使用 Python 的 argparse 定义参数解析器。指定 actor 和 critic 网络的学习率，包括折扣因子、gamma 和目标网络指数平均参数 tau。缓冲区大小、小批量大小和事件数也在参数解析器中指定。研究的环境是 pendulum，同样在参数解析器中指定。

5）**根据需要调用训练函数或者测试函数**：运行此代码的模式是训练模式或测试模式，它将调用前面定义的相应的同名函数：

```
if __name__ == '__main__':
    parser = argparse.ArgumentParser(description='provide arguments
for DDPG agent')

    # agent parameters
    parser.add_argument('--actor-lr', help='actor network learning
rate', default=0.0001)
```

```
    parser.add_argument('--critic-lr', help='critic network
learning rate', default=0.001)
    parser.add_argument('--gamma', help='discount factor for
Bellman updates', default=0.99)
    parser.add_argument('--tau', help='target update parameter',
default=0.001)
    parser.add_argument('--buffer-size', help='max size of the
重放缓冲区', default=1000000)
    parser.add_argument('--minibatch-size', help='size of
minibatch', default=64)

    # run parameters
    parser.add_argument('--env', help='gym env', default='Pendulum-
v0')
    parser.add_argument('--random-seed', help='random seed',
default=258)
    parser.add_argument('--max-episodes', help='max num of
episodes', default=250)
    parser.add_argument('--max-episode-len', help='max length of
each episode', default=1000)
    parser.add_argument('--render-env', help='render gym env',
action='store_true')
    parser.add_argument('--mode', help='train/test',
default='train')
    args = vars(parser.parse_args())
    pp.pprint(args)

    if (args['mode'] == 'train'):
        train(args)
    elif (args['mode'] == 'test'):
        test(args)
```

至此完成 ddpg.py 的编写。

5.3.2 编写 AandC.py

在 AandC.py 中指定 ActorNetwork 类和 CriticNetwork 类，步骤如下。

1）导入包：

```
import tensorflow as tf
import numpy as np
import gym
from gym import wrappers
import argparse
import pprint as pp
import sys

from replay_buffer import ReplayBuffer
```

2）定义权重和偏置初始化器：

```
winit = tf.contrib.layers.xavier_initializer()
binit = tf.constant_initializer(0.01)
rand_unif =
tf.keras.initializers.RandomUniform(minval=-3e-3,maxval=3e-3)
regularizer = tf.contrib.layers.l2_regularizer(scale=0.0)
```

3）**定义 ActorNetwork 类**：首先，在 __init__ 构造函数中接收参数。然后调用 create_actor_network( ) 函数，返回 inputs、out 和 scaled_out 对象。通过调用 TensorFlow 的 tf.trainable_variables( )，actor 模型参数存储在 self.network_params 中。也为 actor 的目标网络复制相同的内容。需要注意的是，目标网络是出于稳定性的考虑，尽管参数会逐渐变化，但它与神经网络体系结构中的 actor 相同。通过再次调用 tf.trainable_variables( ) 函数，收集目标网络参数，并存储在 self.target_network_params 中：

```
class ActorNetwork(object):

    def __init__(self, sess, state_dim, action_dim, action_bound,
learning_rate, tau, batch_size):
        self.sess = sess
        self.s_dim = state_dim
        self.a_dim = action_dim
        self.action_bound = action_bound
        self.learning_rate = learning_rate
        self.tau = tau
        self.batch_size = batch_size

        # actor
        self.state, self.out, self.scaled_out =
self.create_actor_network(scope='actor')

        # actor params
        self.network_params = tf.trainable_variables()

        # target network
        self.target_state, self.target_out, self.target_scaled_out
= self.create_actor_network(scope='act_target')
        self.target_network_params =
tf.trainable_variables()[len(self.network_params):]
```

4）定义 self.update_target_network_params：用 tau 来度量当前的 actor 网络参数，用 1-tau 来度量目标网络参数，并添加这些参数，将其存储为一个 TensorFlow 操作。以上正在逐步更新目标网络的模型参数。注意 tf.multiply( ) 的使用将权重与 tau（或 1-tau，视情况而定）相乘。然后，创建一个名为 action_gradient 的 TensorFlow 占位符，以存储 Q 相对于行为的梯度，该梯度将由 critic 提供。还使用 tf.gradients( ) 计算策略网络输出相对于网络参数的梯度。然后除以 batch_size，以便计算一个小批量求和的平均值，得到平均策略梯度，可以使用它来更新 actor 网络参数：

```
# update target using tau and 1-tau as weights
self.update_target_network_params = \
[self.target_network_params[i].assign(tf.multiply(self.network_para
ms[i], self.tau) + tf.multiply(self.target_network_params[i], 1. -
self.tau))for i in range(len(self.target_network_params))]

# gradient (this is provided by the critic)
self.action_gradient = tf.placeholder(tf.float32, [None,
self.a_dim])
```

```
# actor gradients
self.unnormalized_actor_gradients = tf.gradients(
    self.scaled_out, self.network_params, -self.action_gradient)
self.actor_gradients = list(map(lambda x: tf.div(x,
self.batch_size), self.unnormalized_actor_gradients))
```

5）**使用 Adam 优化**：使用 Adam 优化来应用策略梯度优化 actor：

```
# adam optimization
        self.optimize =
tf.train.AdamOptimizer(self.learning_rate).apply_gradients(zip(self
.actor_gradients, self.network_params))

        # num trainable vars
        self.num_trainable_vars = len(self.network_params) +
len(self.target_network_params)
```

6）**定义 create_actor_network( ) 函数**：使用两层神经网络，分别有 400 和 300 个神经元。权重通过使用 Xavier 初始化，而偏置初始化取零。使用 relu 激活函数以及批处理正则化，以实现稳定性。最后一个输出层用一个均匀分布初始化权重，选择 Tanh 激活函数，保持取值有界。对于 Pendulum-v0，行为边界是 [-2,2]，由于 tanh 边界是 [-1,1]，需要将输出乘以 2，以相应地缩放，这是通过使用 tf.multiply( ) 来完成的。在倒立摆问题中，action_bound = 2：

```
def create_actor_network(self, scope):
    with tf.variable_scope(scope, reuse=tf.AUTO_REUSE):
        state = tf.placeholder(name='a_states', dtype=tf.float32,
shape=[None, self.s_dim])
        net = tf.layers.dense(inputs=state, units=400,
activation=None, kernel_initializer=winit, bias_initializer=binit,
name='anet1')
        net = tf.nn.relu(net)

        net = tf.layers.dense(inputs=net, units=300,
activation=None, kernel_initializer=winit, bias_initializer=binit,
name='anet2')
        net = tf.nn.relu(net)

        out = tf.layers.dense(inputs=net, units=self.a_dim,
activation=None, kernel_initializer=rand_unif,
bias_initializer=binit, name='anet_out')
        out = tf.nn.tanh(out)
        scaled_out = tf.multiply(out, self.action_bound)
        return state, out, scaled_out
```

7）**定义 actor 函数**：完成 ActorNetwork 类所需的其余函数。定义 train( )，在 self.optimize 上运行一个会话；predict( ) 函数在 self.scaled_out 上运行一个会话，即 ActorNetwork 的输出；predict_target( ) 函数在 self.target_scaled_out 上运行一个会话，即 actor 目标网络的输出操作。然后，update_target_network( ) 在 self.update_target_network_params 上运行会话，该参数执行网络参数的加权平均。最后，get_num_trainable_vars( ) 函数返回可训练变量的计数：

```
def train(self, state, a_gradient):
        self.sess.run(self.optimize, feed_dict={self.state: state,
self.action_gradient: a_gradient})

def predict(self, state):
        return self.sess.run(self.scaled_out, feed_dict={
            self.state: state})

def predict_target(self, state):
        return self.sess.run(self.target_scaled_out, feed_dict={
            self.target_state: state})

def update_target_network(self):
        self.sess.run(self.update_target_network_params)

def get_num_trainable_vars(self):
        return self.num_trainable_vars
```

8）定义 CriticNetwork 类：与 ActorNetwork 类似，接收模型超参数作为参数。然后调用 create_critical_network( ) 函数，该函数返回 inputs、action 和 out。并且通过再次调用 create_critical_network( ) 为 critic 创建目标网络：

```
class CriticNetwork(object):

    def __init__(self, sess, state_dim, action_dim, learning_rate,
tau, gamma, num_actor_vars):
        self.sess = sess
        self.s_dim = state_dim
        self.a_dim = action_dim
        self.learning_rate = learning_rate
        self.tau = tau
        self.gamma = gamma

        # critic
        self.state, self.action, self.out =
self.create_critic_network(scope='critic')

        # critic params
        self.network_params =
tf.trainable_variables()[num_actor_vars:]

        # target Network
        self.target_state, self.target_action, self.target_out =
self.create_critic_network(scope='crit_target')

        # target network params
        self.target_network_params =
tf.trainable_variables()[(len(self.network_params) +
num_actor_vars):]
```

9）critic 目标网络：与 actor 的目标网络类似，critic 的目标网络也是用加权平均来更新的。创建一个称为 predicted_q_value 的 TensorFlow 占位符，它是目标值。然后在 self.loss 中定义 L2 范数，即 Bellman 残差的二次误差。请注意，self.out 是前面看到的 $Q(s,a)$，并且 predicted_q_value 是 Bellman 方程中的 $r+\gamma q(s',a')$。同样，使用 Adam 优化器来最小化 L2 损失函数。通过调用 tf.gradients( ) 来评估 $Q(s,a)$ 相

对于动作的梯度,并将其存储在 self.action_grades 中。此梯度稍后用于计算策略梯度:

```
# update target using tau and 1 - tau as weights
        self.update_target_network_params =
[self.target_network_params[i].assign(tf.multiply(self.network_para
ms[i], self.tau)
            + tf.multiply(self.target_network_params[i], 1. -
self.tau))
                for i in range(len(self.target_network_params))]

        # network target (y_i in the paper)
        self.predicted_q_value = tf.placeholder(tf.float32, [None,
1])

        # adam optimization; minimize L2 loss function
        self.loss = tf.reduce_mean(tf.square(self.predicted_q_value
- self.out))
        self.optimize =
tf.train.AdamOptimizer(self.learning_rate).minimize(self.loss)

        # gradient of Q w.r.t. action
        self.action_grads = tf.gradients(self.out, self.action)
```

10)定义 create_critic_network( ):critic 网络也类似于体系结构中的 actor,只是它同时将状态和行为作为输入。有两个隐藏层,分别有 400 和 300 个神经元。最后一个输出层只有一个神经元,即 $Q(s,a)$ 动作-价值函数。注意,因为理论上 $Q(s,a)$ 是无边界的,最后一层没有激活函数:

```
def create_critic_network(self, scope):
        with tf.variable_scope(scope, reuse=tf.AUTO_REUSE):
            state = tf.placeholder(name='c_states',
dtype=tf.float32, shape=[None, self.s_dim])
            action = tf.placeholder(name='c_action',
dtype=tf.float32, shape=[None, self.a_dim])

            net = tf.concat([state, action],1)

            net = tf.layers.dense(inputs=net, units=400,
activation=None, kernel_initializer=winit, bias_initializer=binit,
name='cnet1')
            net = tf.nn.relu(net)

            net = tf.layers.dense(inputs=net, units=300,
activation=None, kernel_initializer=winit, bias_initializer=binit,
name='cnet2')
            net = tf.nn.relu(net)

            out = tf.layers.dense(inputs=net, units=1,
activation=None, kernel_initializer=rand_unif,
bias_initializer=binit, name='cnet_out')
            return state, action, out
```

11)完成 Critic 网络所需的函数如下,它与 ActorNetwork 类似,因此不再详细说明。但是有一个不同点:action_gradients( )函数表示 $Q(s,a)$ 相对于行为的梯度,由 critic 计算并提供给 actor,用于评估策略梯度:

```python
def train(self, state, action, predicted_q_value):
    return self.sess.run([self.out, self.optimize],
feed_dict={self.state: state, self.action: action,
self.predicted_q_value: predicted_q_value})

def predict(self, state, action):
    return self.sess.run(self.out, feed_dict={self.state:
state, self.action: action})

def predict_target(self, state, action):
    return self.sess.run(self.target_out,
feed_dict={self.target_state: state, self.target_action: action})

def action_gradients(self, state, actions):
    return self.sess.run(self.action_grads,
feed_dict={self.state: state, self.action: actions})

def update_target_network(self):
    self.sess.run(self.update_target_network_params)
```

至此完成 AandC.py 的编写。

5.3.3 编写 TrainOrTest.py

之前提及的 trainDDPG( ) 和 testDDPG( ) 函数需要在编写 TrainOrTest.py 中使用，包含的步骤如下：

1）**导入包**：TrainOrTest.py 文件从导入包和其他 Python 文件开始：

```python
import tensorflow as tf
import numpy as np
import gym
from gym import wrappers

import argparse
import pprint as pp
import sys

from replay_buffer import ReplayBuffer
from AandC import *
```

2）**定义 trainDDPG( ) 函数**：通过在 tf.global_variables_initializer( ) 上调用 sess.run( ) 来初始化所有网络。然后，初始化目标网络权重和重放缓冲区，开始对训练集进行主循环。在这个循环中重置了环境（在此例子中，环境是 Pendulum-v0），并且在每个事件的时间步长上启动循环（每个事件都有一个最大的时间步长）。对 actor 的策略进行采样，以获取当前状态的操作。将这个动作输入 env.step( )，它执行这个动作的一个时间步长。在这个过程中，移动到下一个状态 s2。环境还提供了一个奖励 r，有关事件是否终止的信息存储在布尔变量 terminal 中。将元组（状态、动作、奖励、终端、新状态）添加到重放缓冲区中，以便稍后进行采样和训练：

```python
def trainDDPG(sess, env, args, actor, critic):

    sess.run(tf.global_variables_initializer())
```

```python
    # Initialize target networks
    actor.update_target_network()
    critic.update_target_network()

    # Initialize replay memory
    replay_buffer = ReplayBuffer(int(args['buffer_size']),
int(args['random_seed']))

    # start training on episodes
    for i in range(int(args['max_episodes'])):

        s = env.reset()

        ep_reward = 0
        ep_ave_max_q = 0

        for j in range(int(args['max_episode_len'])):

            if args['render_env']:
                env.render()

            a = actor.predict(np.reshape(s, (1, actor.s_dim)))
            s2, r, terminal, info = env.step(a[0])

            replay_buffer.add(np.reshape(s, (actor.s_dim,)),
np.reshape(a, (actor.a_dim,)), r, terminal, np.reshape(s2,
(actor.s_dim,)))
```

3）**从重放缓冲区中采样小批量数据**：一旦在重放缓冲区中有超过小批量大小的样本，就从缓冲区中对小批量数据进行采样。对于随后的状态 s2，使用 critic 的目标网络计算目标 Q 值，并将其存储在 target_q 中。注意使用 critic 的目标而不是 critic，这是出于稳定性的考虑。然后，使用 Bellman 方程来评估目标 y_i，对于非终端时间步长，计算为 $r+\gamma Q$。对于终端步长，计算为 r：

```python
# sample from replay buffer
            if replay_buffer.size() > int(args['minibatch_size']):
                s_batch, a_batch, r_batch, t_batch, s2_batch =
                replay_buffer.sample_batch(int(args['minibatch
                _size']))

                # Calculate target q
                target_q = critic.predict_target(s2_batch,
                        actor.predict_target(s2_batch))

                y_i = []
                for k in range(int(args['minibatch_size'])):
                    if t_batch[k]:
                        y_i.append(r_batch[k])
                    else:
                        y_i.append(r_batch[k] + critic.gamma *
                                    target_q[k])
```

4）**使用前面的内容来训练 actor 和 critic**：通过调用 critical.train( ) 在小批量上训练 critic 一步。然后，通过调用 critic.action_gradients( ) 计算 Q 相对于动作的梯度，并将其存储在 grads 中。注意，这个动作梯度用于计算策略梯度。接下来通过调用 actor.train( ) 函数,并将梯度作为参数传递,以及从重放缓冲区采样的状态,对 actor 进行一步训练。最后,通过为 actor 和 critic 对象调用适当的函数来更新 actor 和 critic 目标网络:

```
# Update critic
            predicted_q_value, _ = critic.train(s_batch,
a_batch, np.reshape(y_i, (int(args['minibatch_size']), 1)))

            ep_ave_max_q += np.amax(predicted_q_value)

            # Update the actor policy using gradient
            a_outs = actor.predict(s_batch)
            grads = critic.action_gradients(s_batch, a_outs)
            actor.train(s_batch, grads[0])

            # update target networks
            actor.update_target_network()
            critic.update_target_network()
```

在继续下一个时间步长时,新状态 s2 被分配给当前状态 s。如果事件已经结束,将在屏幕上打印事件奖励和其他观察结果,并将它们写入名为 pendulum.txt 的文本文件中,以供以后分析。当然,这也跳出了内部的 for 循环,因为这个事件已经结束:

```
s = s2
ep_reward += r

if terminal:
    print('| Episode: {:d} | Reward: {:d} | Qmax: {:.4f}'.format(i,
        int(ep_reward), (ep_ave_max_q / float(j))))
    f = open("pendulum.txt", "a+")
    f.write(str(i) + " " + str(int(ep_reward)) + " " +
        str(ep_ave_max_q / float(j)) + '\n')
    break
```

5)定义 testDDPG( ):testDDPG( ) 函数放在 trainDDPG( ) 函数之后,该函数用于测试模型的性能。testDDPG( ) 函数与 trainDDPG( ) 大体相同,只是没有重放缓冲区,也没有训练神经网络。有两个 for 循环,外循环用于事件的回合,内循环用于每个回合的时间步长。使用 actor.predict( ) 从训练有素的 actor 策略中对动作进行采样,并调用 env.step( ) 使用样本来更新环境。如果 terminal==True,则终止事件:

```
def testDDPG(sess, env, args, actor, critic):

    # test for max_episodes number of episodes
    for i in range(int(args['max_episodes'])):

        s = env.reset()

        ep_reward = 0
        ep_ave_max_q = 0

        for j in range(int(args['max_episode_len'])):
```

```
        if args['render_env']:
            env.render()

        a = actor.predict(np.reshape(s, (1, actor.s_dim)))

        s2, r, terminal, info = env.step(a[0])

        s = s2

        if terminal:
            print('| Episode: {:d} | Reward: {:d} |'.format(i,
                    int(ep_reward)))
            break
```

至此完成 TrainOrTest.py 的编写。

5.3.4 编写 replay_buffer.py

使用双向队列存储重放缓冲区，包含的步骤如下：

1）**导入包**：导入必需的包。

2）**定义 ReplayBuffer 类**：参数传递给 __init__() 构造函数。self.buffer = deque() 函数是在队列中存储数据的数据结构实例：

```
from collections import deque
import random
import numpy as np

class ReplayBuffer(object):

    def __init__(self, buffer_size, random_seed=258):
        self.buffer_size = buffer_size
        self.count = 0
        self.buffer = deque()
        random.seed(random_seed)
```

3）**定义 add 函数和 size 函数**：将经验添加为元组（状态、动作、奖励、终端、新状态）。self.count 函数对重放缓冲区中的样本进行计数。如果此计数小于重放缓冲区大小（self.buffer_size），将当前经验附加到缓冲区并增加计数。另一方面，如果计数等于或大于缓冲区大小，则通过调用 popleft( ) 来丢弃缓冲区中的旧样本，popleft( ) 是 deque 的内置函数。然后，将经验添加到重放缓冲区。这个过程不需要增加计数，因为在重放缓冲区中丢弃了一个旧的数据样本，并将其替换为新的数据样本或经验，所以缓冲区中的样本总数保持不变。另外，还定义了 size( ) 函数来获取重放缓冲区的当前大小：

```
    def add(self, s, a, r, t, s2):
        experience = (s, a, r, t, s2)
        if self.count < self.buffer_size:
            self.buffer.append(experience)
            self.count += 1
        else:
            self.buffer.popleft()
            self.buffer.append(experience)
```

```
def size(self):
    return self.count
```

4）**定义 sample_batch 函数和 clear 函数**：从重放缓冲区中抽取 batch_size 的样本。如果缓冲区中样本数的计数小于 batch_size，对缓冲区中的样本数进行抽样计数；否则，从重放缓冲区中对 batch_size 的样本进行采样。然后，将这些示例转换为 NumPy 数组并返回。最后，clear( ) 函数用于完全清除回放缓冲区，并使其为空：

```
def sample_batch(self, batch_size):
    batch = []
    
    if self.count < batch_size:
        batch = random.sample(self.buffer, self.count)
    else:
        batch = random.sample(self.buffer, batch_size)
    
    s_batch = np.array([_[0] for _ in batch])
    a_batch = np.array([_[1] for _ in batch])
    r_batch = np.array([_[2] for _ in batch])
    t_batch = np.array([_[3] for _ in batch])
    s2_batch = np.array([_[4] for _ in batch])
    
    return s_batch, a_batch, r_batch, t_batch, s2_batch

def clear(self):
    self.buffer.clear()
    self.count = 0
```

以上就是 DDPG 的代码，下面进行测试。

5.4 在 Pendulum-v0 中训练和测试 DDPG

在 Pendulum-v0 中训练 DDPG 的代码。为了训练 DDPPG agent，只需在命令行中与其余代码处于同一级别键入以下内容：

```
python ddpg.py
```

这里开始训练：

```
{'actor_lr': 0.0001,
 'buffer_size': 1000000,
 'critic_lr': 0.001,
 'env': 'Pendulum-v0',
 'gamma': 0.99,
 'max_episode_len': 1000,
 'max_episodes': 250,
 'minibatch_size': 64,
 'mode': 'train',
 'random_seed': 258,
 'render_env': False,
 'tau': 0.001}

...

2019-03-03 17:23:10.529725: I
tensorflow/stream_executor/cuda/cuda_diagnostics.cc:300] kernel version
```

```
seems to match DSO: 384.130.0
| Episode: 0 | Reward: -7981 | Qmax: -6.4859
| Episode: 1 | Reward: -7466 | Qmax: -10.1758
| Episode: 2 | Reward: -7497 | Qmax: -14.0578
```

一旦训练完成，可以测试训练好的 DDPG agent，命令如下：

```
python ddpg.py --mode test
```

也可以使用以下代码绘制训练期间的回合奖励：

```
import numpy as np
import matplotlib.pyplot as plt

data = np.loadtxt('pendulum.txt')

plt.plot(data[:,0], data[:,1])
plt.xlabel('episode number', fontsize=12)
plt.ylabel('episode reward', fontsize=12)
#plt.show()
plt.savefig("ddpg_pendulum.png")
```

如图 5.1 所示，可以看到，DDPG agent 的学习效果很好。最大奖励略小于 0，而这是此问题的最好结果。

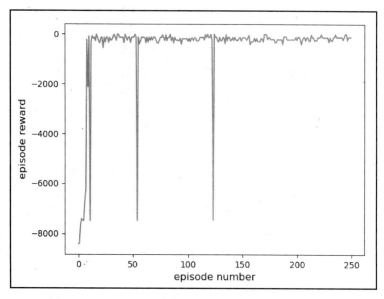

图 5.1　Pendulum-v0 中使用 DDPG 训练过程中回合奖励

总结

本章介绍了第一个连续动作强化学习算法 DDPG，这也是本书中第一个 Actor-Critic 算法。DDPG 是一种异步策略算法，因为它使用重放缓冲区。本章还介绍了使用策略梯度更新 actor，以及使用 L2 范数更新 critic。因此，有两个不同的神经网络。actor 学习策略，critic 学习评估 actor 的策略，从而为 actor 提供学习信号。

读者了解了如何计算相对于行为的动作-价值 $Q(s,a)$ 梯度以及策略梯度，这两个梯度都被组合在一起以评估策略梯度，然后使用该梯度更新 actor。最后对 DDPG 进行了倒立摆问题的训练，而 agent 很好地解决了这个问题。

读者已经学习了 Actor-Critic 算法以及如何编写第一个连续控制强化学习算法，相对于前几章有了长足的进步。在下一章中，你将了解 A3C 算法，这是一个在线深度强化学习算法。

思考题

1. DDPG 是同步策略算法还是异步策略算法？
2. 是否必须对 actor 和 critic 使用相同的神经网络结构，还是可以选择不同的神经网络结构？
3. 能用 DDPG 玩 Atari Breakout 吗？
4. 为什么神经网络的偏置被初始化为小的正值？
5. 试修改本章中的代码来训练一个 agent 来学习 InvertedDoublePendulum-v2 问题。是否 Pendulum-v0 更具挑战性？
6. 改变神经网络结构，检查 agent 是否可以学习 Pendulum-v0。例如，使用值 400、100、25、10、5 和 1 不断减少第一个隐藏层中的神经元数量，并检查 agent 对第一个隐藏层中的不同数量神经元的表现。如果神经元数量太少，可能会导致信息瓶颈，网络的输入无法充分表示。也就是说，当深入探讨神经网络时，发现信息会丢失。你观察到这种效果了吗？

扩展阅读

- Continuous control with deep reinforcement learning, by Timothy P. Lillicrap, Jonathan J. Hunt, Alexander Pritzel, Nicolas Heess, Tom Erez, YuvalTassa, David Silver, andDaanWierstra, original DDPG paper from DeepMind, arXiv:1509.02971: https://arxiv.org/abs/1509.02971

第 6 章 异步的方法——A3C 和 A2C

第 5 章介绍的 DDPG 算法（以及之前提到的 DQN 算法）的一个主要缺点是使用重放缓冲区来获取独立同分布的数据样本用于训练。使用重放缓冲区会消耗大量内存，这对于鲁棒的强化学习应用程序来说是不可行的。为了解决这个问题，谷歌 DeepMind 的研究人员提出了一种同步策略算法，称为异步优势行动者评论家算法（Asynchronous Advantage Actor Critic，A3C）。A3C 不使用重放缓冲区，而使用并行 worker 处理器以创建环境的不同实例，并收集经验样本。一旦收集到有限和固定数量的样本，就可以使用它们来计算策略梯度，然后将其异步发送到更新策略的中央处理器。接下来将更新的策略发送回 worker 处理器。使用并行处理器来体验不同的环境场景会产生独立同分布的样本，这些样本可用于训练策略。本章将介绍 A3C，并将简要介绍它的一个变种，称为优势行动者评论家算法（Advantage Actor Critic，A2C）。

本章将讨论以下主题：
- A3C 算法
- A3C 算法在 Cartpole 中的应用
- A3C 算法在 LunarLander 中的应用
- A2C 算法

本章将学习 A3C 和 A2C 算法，以及如何使用 Python 和 TensorFlow 对它们进行编码。还将应用 A3C 算法解决两个 OpenAI Gym 问题：Cartpole 和 LunarLander。

6.1 技术需求

为了成功学习本章，了解以下知识将有很大的帮助：
- TensorFlow（版本 1.4 或以上）
- Python（版本 2 或 3）
- NumPy

6.2 A3C 算法

如前所述，A3C 中有并行的 worker，每个 worker 将计算策略梯度，并将其传递给中央（或主）处理器。A3C 还使用了优势函数来减少策略梯度中的差异。损失函数由三个加权求和的损失组成，包括价值损失、策略损失和熵正则化项。价值损失 L_v 是状态价值和目标价值的 L2 损失，后者作为奖励的折扣总额计算。策略损失 L_p 是策略分布对数与优势函数 A 的乘积。熵正则化项 L_e 是香农熵，计算为策略分布与其对数乘积的相反数。熵正则化有利于探索，熵越高，随之产生的策略越规范化。这三项的权重分别为 0.5、1 和 −0.005。

6.2.1 损失函数

损失函数由价值损失 L_v、策略损失 L_p 和熵正则化项 L_e 三个损失项加权求和得到，其计算公式如下所示：

$$L_v = \sum \left(V^{target} - V(s_t) \right)^2$$
$$L_p = -\sum \log \pi_\theta(a_t | s_t) A(s_t, a_t)$$
$$L_e = -\sum \pi_\theta(a_t | s_t) \log \pi_\theta(a_t | s_t)$$
$$L = 0.5L_v + L_p - 0.005L_e$$

L 是总损失，需要最小化。注意，由于想要最大化优势函数，所以在 L_p 中有一个负号，因为需要最小化 L。同样，由于想要最大化熵项，所以 L_e 的前面有一个负号。

6.2.2 CartPole and LunarLander

本节将应用 A3C 解决两个 Openai Gym 的问题 Cartpole 和 Lunarlander。

1.CartPole

CartPole 由推车上的垂直杆组成，需要通过向左或向右移动推车来平衡。状态维数为 4，动作维数为 2。

有关 CartPole 的更多详细信息，请查看以下链接：https://gym.openai.com/envs/CartPole-v0/。

2.LunarLander

LunarLander，顾名思义，涉及着陆器登陆月球表面。例如，当阿波罗 11 的鹰号着陆舱于 1969 年降落在月球表面时，宇航员 Neil Armstrong 和 Buzz Aldrin 必须在下降的最后阶段控制火箭推进器，并将着陆舱安全地降落在月球表面上。然后，Armstrong 踏上月球并说出了那句著名的话："这是我个人的一小步，但却是人类的一大步"。在 LunarLander 中，月球表面有两个黄色标志，目标是将着陆器降落在这两个标志之间。与阿波罗 11 的鹰号着陆舱的情况不同，该问题中着陆器中的燃料是无限的。LunarLander 的状态维数为 8，动作维数为 4，四个动作无效，发射左推进器、发射主推进器或发射右推进器。

请查看以下链接以获取环境示意图：https://gym.openai.com/envs/LunarLander-v2/。

6.3　A3C 算法在 CartPole 中的应用

使用 TensorFlow 编写 A3C 算法，然后可以训练 agent 来学习 CartPole 问题。需要以下代码文件：

- cartpole.py：启动训练或测试过程
- a3c.py：编写 A3C 算法
- utils.py：包含工具函数

6.3.1　编写 cartpole.py

现在开始编写 cartpole.py，步骤如下：

1）导入软件包：

```
import numpy as np
import matplotlib.pyplot as plt
import tensorflow as tf
import gym
import os
import threading

import multiprocessing

from random import choice
from time import sleep
from time import time

from a3c import *
from utils import *
```

2）设置问题的参数。只需要训练 200 个回合（CartPole 是一个简单的问题）。将折扣系数 gamma 设置为 0.99。CartPole 的状态和动作维度分别为 4 和 2。如果要加载预训练模型，并恢复训练，请将 load_model 设置为 True；若从头开始进行训练，将其设置为 False。还将设置 model_path：

```
model_path:

    max_episode_steps = 200
    gamma = 0.99
    s_size = 4
    a_size = 2
    load_model = False
    model_path = './model'
```

3）重置 TensorFlow 图，并创建一个用于存储模型的目录。将主处理器称为 CPU 0。worker 线程有非零 CPU 编号。主处理器将执行以下操作：首先，在 global_episodes 对象中创建全局的计数变量。worker 线程的总数将存储在 num_workers 中，可以使用 Python 的 multiprocessing 库，通过调用 cpu_count( ) 函数来获取系统中可用处理器的数量。使用 Adam 优化器，并将其存储在名为 trainer 的对象中，设置适当的学习率。之后定义一个名为 AC 的 actor critic 类，先创建一个类型为 AC 类的主网络对象，称为 master_network。将适当的参数传递给类的构造函数。

然后，对于每个 worker 线程，创建一个 CartPole 环境的单独实例和一个 Worker 类的实例，稍后会加以定义。最后，为了保存模型，再创建一个 TensorFlow 保存程序：

```
tf.reset_default_graph()

if not os.path.exists(model_path):
    os.makedirs(model_path)

with tf.device("/cpu:0"):

    # keep count of global episodes
    global_episodes =tf.Variable(0,dtype=tf.int32,name='global_episodes',trainable=False)

    # number of worker threads
    num_workers = multiprocessing.cpu_count()

    # Adam optimizer
    trainer = tf.train.AdamOptimizer(learning_rate=2e-4,use_locking=True)
    # global network
    master_network = AC(s_size,a_size,'global',None)
    workers = []
    for i in range(num_workers):
        env = gym.make('CartPole-v0')
workers.append(Worker(env,i,s_size,a_size,trainer,model_path,global_episodes))

    # tf saver
    saver = tf.train.Saver(max_to_keep=5)
```

4）启动 TensorFlow 会话。其中，为不同的 worker 创建了一个 TensorFlow 协调器。加载或恢复预训练的模型或运行 tf.global_variables_initializer( ) 来为所有权重和偏置分配初始值：

```
with tf.Session() as sess:

    # tf coordinator for threads
    coord = tf.train.Coordinator()

    if load_model == True:
        print ('Loading Model...')
        ckpt = tf.train.get_checkpoint_state(model_path)
        saver.restore(sess,ckpt.model_checkpoint_path)
    else:
        sess.run(tf.global_variables_initializer())
```

5）启动 worker_threads。具体来说，可以调用 work( ) 函数，它是 Worker 类的一部分（稍后定义）。threading.Thread( ) 将为每个 worker 分配一个线程。通过调用 start( ) 启动 worker 线程。最后，需要连接这些线程，以便等到所有线程完成后才终止：

```
    # start the worker threads
    worker_threads = []
    for worker in workers:
        worker_work = lambda: worker.work(max_episode_steps, gamma,
sess, coord,saver)
        t = threading.Thread(target=(worker_work))
        t.start()
        worker_threads.append(t)
    coord.join(worker_threads)
```

 读者可以在下面的链接中找到有关 TensorFlow 协调器的更多信息：
https://www.tensorflow.org/api_docs/python/tf/train/Coordinator

6.3.2 编写 a3c.py

编写 a3c.py 的步骤如下：

1）导入软件包。
2）初始化权重和偏置。
3）定义 AC 类。
4）定义 Worker 类。

首先，导入需要的软件包：

```
import numpy as np
import matplotlib.pyplot as plt
import tensorflow as tf
import gym
import threading
import multiprocessing

from random import choice
from time import sleep
from time import time
from threading import import Lock

from utils import *
```

然后，为权重和偏置初始化。具体来说，使用 Xavier 函数来初始化权重，并设置零偏置。对于网络的最后一个输出层，权重是指定范围内的均匀分布随机数：

```
xavier = tf.contrib.layers.xavier_initializer()
bias_const = tf.constant_initializer(0.05)
rand_unif = tf.keras.initializers.RandomUniform(minval=-3e-3,maxval=3e-3)
regularizer = tf.contrib.layers.l2_regularizer(scale=5e-4)
```

AC 类

下面定义 AC 类，它也是 a3c.py 的一部分。使用一个输入占位符定义 AC 类的构造函数，两个分别具有 256 和 128 个神经元的全连接隐藏层以及 elu 激活函数。然后是使用 softmax 激活函数的策略网络，因为对于 CartPole 来说，动作是离散的。此外，还有一个没有激活函数的价值网络。请注意，与以前的示例不同，此处为策略和价值网络设置了相同的隐藏层：

```
class AC():
    def __init__(self,s_size,a_size,scope,trainer):
        with tf.variable_scope(scope):
            self.inputs = tf.placeholder(shape=[None,s_size],dtype=tf.float32)
            # 2 FC layers
            net = tf.layers.dense(self.inputs, 256, activation=tf.nn.elu,
kernel_initializer=xavier, bias_initializer=bias_const,
kernel_regularizer=regularizer)
            net = tf.layers.dense(net, 128, activation=tf.nn.elu,
kernel_initializer=xavier, bias_initializer=bias_const,
kernel_regularizer=regularizer)
            # policy
            self.policy = tf.layers.dense(net, a_size,
activation=tf.nn.softmax, kernel_initializer=xavier,
bias_initializer=bias_const)

            # value
            self.value = tf.layers.dense(net, 1, activation=None,
kernel_initializer=rand_unif, bias_initializer=bias_const)
```

对于 worker 线程，需要定义损失函数。因此，当 TensorFlow 范围不是 global 时，定义一个动作占位符以及它的一个热点。并且为目标价值和优势函数定义占位符。然后，计算策略分布和热点动作的乘积并求和，再将它们存储在 policy_times_a 对象中。将这些项组合起来构建损失函数，如前所述。计算该批次 L2 损失的总和，香农熵作为策略分布乘以其对数再取负号，策略损失是策略分布与其对数的乘积，该批次所有样本的优势函数求和。最后，使用适当的权重来组合这些损失以计算总损失，该损失存储在 self.loss 中：

```
# only workers need tf operations for loss functions and gradient updating
        if scope != 'global':
            self.actions = tf.placeholder(shape=[None],dtype=tf.int32)
            self.actions_onehot = tf.one_hot(self.actions,a_size,dtype=tf.float32)
            self.target_v = tf.placeholder(shape=[None],dtype=tf.float32)
            self.advantages = tf.placeholder(shape=[None],dtype=tf.float32)

            self.policy_times_a = tf.reduce_sum(self.policy * self.actions_onehot, [1])

            # loss
            self.value_loss = 0.5 * tf.reduce_sum(tf.square(self.target_v - tf.reshape(self.value,[-1])))
            self.entropy = - tf.reduce_sum(self.policy * tf.log(self.policy + 1.0e-8))
            self.policy_loss = - tf.reduce_sum(tf.log(self.policy_times_a + 1.0e-8) * self.advantages)
            self.loss = 0.5 * self.value_loss + self.policy_loss - self.entropy * 0.005
```

如第 5 章所述，使用 tf.gradients() 来计算策略梯度。具体来说，计算损失函数相对于局部网络变量的梯度，后者从 tf.get_collection( ) 获得。为了缓解梯度爆炸的问题，使用 TensorFlow 的 tf.clip_by_global_norm( ) 函数将梯度缩小到 40.0。然后，使用作用于全局范围的 tf.get_collection( ) 来收集全局网络的网络参数，并使用 apply_gradients( ) 在 Adam 优化器中应用梯度。这将计算策略梯度：

```
# get gradients from local networks using local losses; clip them to avoid
exploding gradients
local_vars = tf.get_collection(tf.GraphKeys.TRAINABLE_VARIABLES, scope)
self.gradients = tf.gradients(self.loss,local_vars)
self.var_norms = tf.global_norm(local_vars)
grads,self.grad_norms = tf.clip_by_global_norm(self.gradients,40.0)
# apply local gradients to global network using tf.apply_gradients()
global_vars = tf.get_collection(tf.GraphKeys.TRAINABLE_VARIABLES, 'global')
self.apply_grads = trainer.apply_gradients(zip(grads,global_vars))
```

6.3.3 Worker 类

下面定义每个 worker 线程使用的 Worker 类。首先，为类定义 __init__( ) 构造函数。其中，定义 worker 名字、编号、模型路径、Adam 优化器、全局 episode 的数量及其增量运算符：

```
class Worker():
    def __init__(self,env,name,s_size,a_size,trainer,model_path,global_
episodes):
        self.name = "worker_" + str(name)
        self.number = name
        self.model_path = model_path
        self.trainer = trainer
        self.global_episodes = global_episodes
        self.increment = self.global_episodes.assign_add(1)
```

创建 AC 类的本地实例，并传入适当的参数。然后，创建一个 TensorFlow 操作，将模型参数从全局复制到本地。创建一个对角线上为 1 的 NumPy 方阵以及一个环境对象：

```
# local copy of the AC network
self.local_AC = AC(s_size,a_size,self.name,trainer)

# tensorflow op to copy global params to local network
self.update_local_ops = update_target_graph('global',self.name)
self.actions = np.identity(a_size,dtype=bool).tolist()
self.env = env
```

接下来创建 train( ) 函数，它是 Worker 类中最重要的部分。状态、动作、奖励、下一状态，或者从作为函数参数的 experience 列表中获得的观察和值。使用工具函数 discount( ) 计算总的奖励折扣。同样，优势函数也有折扣：

```
# train function
    def train(self,experience,sess,gamma,bootstrap_value):
        experience = np.array(experience)
        observations = experience[:,0]
        actions = experience[:,1]
        rewards = experience[:,2]
        next_observations = experience[:,3]
```

```python
                values = experience[:,5]
                # discounted rewards
                self.rewards_plus = np.asarray(rewards.tolist() +
[bootstrap_value])
                discounted_rewards = discount(self.rewards_plus,gamma)[:-1]

                # value
                self.value_plus = np.asarray(values.tolist() + [bootstrap_value])

                # advantage function
                advantages = rewards + gamma * self.value_plus[1:] -
self.value_plus[:-1]
                advantages = discount(advantages,gamma)
```

然后，通过调用前面定义的 TensorFlow 操作以及使用 TensorFlow 的 feed_dict 函数传递的占位符所需的输入来更新全局网络参数。请注意，由于有多个 worker 线程在主参数上执行此更新，因此需要避免冲突。换句话说，只有一个线程可以在给定的时间更新主网络参数，同时执行此更新的两个或多个线程不会一个接一个地更新全局参数。如果一个线程更新全局参数，而另一个线程也正在更新同一个参数，则可能导致问题。这意味着前者的更新将被后者覆盖，这是用户不希望看到的。使用 Python 中 threading 库的 Lock() 函数完成该功能。创建一个名为 lock 的 Lock() 实例。lock.acquire() 将仅授予当前线程访问权限，该线程将执行更新，之后使用 lock.release() 释放。最后，从函数中返回损失：

```python
        # lock for updating global params
        lock = Lock()
        lock.acquire()

        # update global network params
        fd = {self.local_AC.target_v:discounted_rewards,
            self.local_AC.inputs:np.vstack(observations),
            self.local_AC.actions:actions, self.local_AC.advantages:advantages}
        value_loss, policy_loss, _, _, _ =
            sess.run([self.local_AC.value_loss, self.local_AC.policy_loss,
            self.local_AC.entropy, self.local_AC.grad_norms, self.local_AC.var_norms,
            self.local_AC.apply_grads], feed_dict=fd)

        # release lock
        lock.release()

        return value_loss / len(experience), policy_loss / len(experience), entropy
        / len(experience)
```

下面定义 worker 的 work() 函数。首先获取全局回合计数，并将 total_steps 设为零。然后，在 TensorFlow 会话内，当线程仍然处于协调状态时，使用 self.update_local_ops 将全局参数复制到本地网络。接着开始一个回合。由于回合尚未终止，获取策略分布，并将其存储在 a_dist 中。使用 NumPy 的 random.choice() 函数从此分布中采样动作。这个动作被输入当前环境的 step() 函数中以获得新的状态、奖励和是否终止的布尔值。通过除以 100.0 调整奖励值。

experience 存储在本地缓冲区 episode_buffer 中。将奖励与 episode_reward 相加，并增加 total_steps 计数以及 episode_step_count：

```python
episode_step_count:

    # worker's work function
    def work(self,max_episode_steps, gamma, sess, coord, saver):
        episode_count = sess.run(self.global_episodes)
        total_steps = 0
        print ("Starting worker " + str(self.number))

            with sess.as_default(), sess.graph.as_default():
                while not coord.should_stop():
                    # copy global params to local network
                    sess.run(self.update_local_ops)

                    # lists for book keeping
                    episode_buffer = []
                    episode_values = []
                    episode_frames = []

                    episode_reward = 0
                    episode_step_count = 0
                    d = False
                    s = self.env.reset()
                    episode_frames.append(s)

                    while not d:
                        # action and value
                        a_dist, v =
sess.run([self.local_AC.policy,self.local_AC.value],
feed_dict={self.local_AC.inputs:[s]})
                        a = np.random.choice(np.arange(len(a_dist[0])),
p=a_dist[0])

                        if (self.name == 'worker_0'):
                            self.env.render()
                        # step
                        s1, r, d, info = self.env.step(a)
                        # normalize reward
                        r = r/100.0

                        if d == False:
                            episode_frames.append(s1)
                        else:
                            s1 = s
                        # collect experience in buffer
                        episode_buffer.append([s,a,r,s1,d,v[0,0]])
                    episode_values.append(v[0,0])

                    episode_reward += r
                    s = s1
                    total_steps += 1
                    episode_step_count += 1
```

如果缓冲区中有 25 个条目，则需要更新。首先，计算该值并将其存储在 v1 中。然后将其传给 train( ) 函数，该函数将输出三个损失值：value、policy 和 entropy。之后，episode_buffer 被重置。如果回合已经终止，将跳出循环。最后，在屏幕上打印回合计数和奖励。请注意，使用 25 个条目作为更新的时间。读者可以尝试更改该值，看看这个超参数会如何影响训练：

```
# if buffer has 25 entries, time for an update
if len(episode_buffer) == 25 and d != True and episode_step_count !=
max_episode_steps - 1:
    v1 = sess.run(self.local_AC.value,
feed_dict={self.local_AC.inputs:[s]})[0,0]
    value_loss, policy_loss, entropy =
self.train(episode_buffer,sess,gamma,v1)
    episode_buffer = []
    sess.run(self.update_local_ops)

# idiot check to ensure we did not miss update for some unforseen reason
if (len(episode_buffer) > 30):
    print(self.name, "buffer full ", len(episode_buffer))
    sys.exit()

if d == True:
    break

print("episode: ", episode_count, "| worker: ", self.name, "| episode
reward: ", episode_reward, "| step count: ", episode_step_count)
```

退出回合循环后，使用缓冲区中的剩余样本来训练网络。worker_0 包含全局或主网络，可以使用 saver.save 进行保存。还可以调用 self.increment 操作将全局回合数加 1：

```
# Update the network using the episode buffer at the end of the episode
if len(episode_buffer) != 0:
    value_loss, policy_loss, entropy =
self.train(episode_buffer,sess,gamma,0.0)
print("loss: ", self.name, value_loss, policy_loss, entropy)

# write to file for worker_0
if (self.name == 'worker_0'):
    with open("performance.txt", "a") as myfile:
        myfile.write(str(episode_count) + " " + str(episode_reward) + " " +
str(episode_step_count) + "\n")

# save model params for worker_0
if (episode_count % 25 == 0 and self.name == 'worker_0' and episode_count
!= 0):
        saver.save(sess,self.model_path+'/model-
'+str(episode_count)+'.cptk')
print ("Saved Model")
if self.name == 'worker_0':
    sess.run(self.increment)
episode_count += 1
```

这就是 a3c.py 的全部内容。

6.3.4 编写 utils.py

下面在 utils.py 中编写 utility 函数的代码。首先导入必要的软件包，定义之前使用的 update_target_graph( ) 函数，它以源和目标的参数范围作为参数，并将参数从源复制到目标：

```python
import numpy as np
import tensorflow as tf
from random import choice


# copy model params
def update_target_graph(from_scope,to_scope):
    from_params = tf.get_collection(tf.GraphKeys.TRAINABLE_VARIABLES, from_scope)
    to_params = tf.get_collection(tf.GraphKeys.TRAINABLE_VARIABLES, to_scope)

    copy_ops = []
    for from_param,to_param in zip(from_params,to_params):
        copy_ops.append(to_param.assign(from_param))
    return copy_ops
```

需要的另一个工具函数是 discount( ) 函数。它依次遍历输入列表 x，并用 gamma 的权重对其求和，gamma 是折扣因子。然后从函数中返回折扣值：

```python
# Discounting function used to calculate discounted returns.
def discount(x, gamma):
    dsr = np.zeros_like(x,dtype=np.float32)
    running_sum = 0.0
    for i in reversed(range(0, len(x))):
        running_sum = gamma * running_sum + x[i]
        dsr[i] = running_sum
    return dsr
```

6.3.5　CartPole 训练

cartpole.py 的代码可以使用以下命令运行：

python cartpole.py

该代码将回合奖励存储在 performance.txt 文件中。图 6.1 显示了 CartPole 使用 A3C 训练的回合奖励：

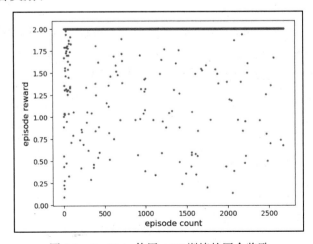

图 6.1　CartPole 使用 A3C 训练的回合奖励

请注意，由于已经对奖励进行了变换，在前面截图中看到的回合奖励与其他研究人员在论文或博客中通常得到的值不同。

6.4　A3C 算法在 LunarLander 中的应用

下面扩展相同的代码来训练一个 agent 处理 LunarLander 问题，这个问题比 CartPole 困难。大部分代码与之前相同，因此只描述需要对前面的代码进行修改的部分。首先，对于 LunarLander 问题，奖励方式是不同的。因此，在 a3c.py 文件中包含一个名为 reward_shaping( ) 的函数。它检查着陆器是否在月球表面坠毁，如果坠毁，该回合将给予 –1.0 的惩罚并结束。如果着陆器不移动，该回合将给予 –0.5 的惩罚并结束：

```
def reward_shaping(r, s, s1):
    # check if y-coord < 0; implies lander crashed
    if (s1[1] < 0.0):
      print('-----lander crashed!----- ')
      d = True
      r -= 1.0

    # check if lander is stuck
    xx = s[0] - s1[0]
    yy = s[1] - s1[1]
    dist = np.sqrt(xx*xx + yy*yy)
    if (dist < 1.0e-4):
      print('-----lander stuck!----- ')
      d = True
      r -= 0.5
    return r, d
```

在 env.step( ) 之后调用此函数：

```
# reward shaping for lunar lander
r, d = reward_shaping(r, s, s1)
```

6.4.1　编写 lunar.py

上一个练习中的 cartpole.py 文件已重命名为 luner.py。所做的改动如下：首先，将 LunarLander 每回合的最大时间步长设置为 1000，将折扣因子设置为 gamma=0.999，将状态维度和动作维度分别设置为 8 和 4：

```
max_episode_steps = 1000
gamma = 0.999
s_size = 8
a_size = 4
```

环境设置为 lunarlander-v2：

```
env = gym.make('LunarLander-v2')
```

6.4.2　在 LunarLander 上训练

可以使用以下命令开始训练：

```
python lunar.py
```

训练 agent 并将回合奖励存储在 performance.txt 文件中，LunarLander 使用 A3C 训练的回合奖励如图 6.2 所示。

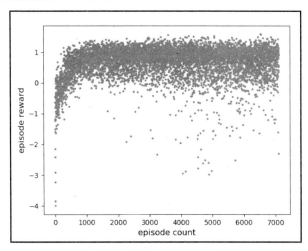

图 6.2　LunarLander 使用 A3C 训练的回合奖励

可见，agent 已经学会了在月球表面着陆。请注意，回合奖励不同于其他强化学习从业者在论文和博客中写出的值，因为此处已经对奖励进行了变换。

6.5　A2C 算法

A2C 算法和 A3C 算法的区别在于 A2C 执行同步更新，即所有的 worker 都要等待直到它们完成了经验的收集，并计算出了梯度，之后全局（或主）网络的参数才会更新。这与 A3C 不同，后者的更新是异步执行的，即 worker 线程不等待其他线程完成。A2C 比 A3C 更容易编码，本书未给出。如果读者对此感兴趣，请复用前面的 A3C 代码，并将其转换为 A2C，然后比较这两种算法的性能。

总结

本章介绍了 A3C 算法，这是一个同步策略的算法，适用于离散动作和连续动作的问题。还介绍了如何将三个不同的损失项组合起来并进行优化。Python 的 threading 库对于运行多个线程很有用，每个线程都有策略网络的副本。这些不同的 worker 计算策略梯度，并将其传递给 master 以更新神经网络参数。本章学习用 A3C 训练 agent 解决 CartPole 和 LunarLander 问题，agent 的学习效果很好。A3C 是一种鲁棒性很强的算法，不需要重放缓冲区，尽管其需要一个本地缓冲区来收集少量的经验，从而更新网络。最后，本章还介绍了算法的同步版本 A2C。

本章应该真正提高了读者对另一个深度强化学习算法的理解。在下一章中，我们将研究本书最后两个强化学习算法：信任区域策略优化（TRPO）算法和近端策略优化（PPO）算法。

思考题

1. A3C 是同步策略还是异步策略的算法？
2. 为什么使用香农熵项？
3. 如果使用大量的 worker 线程会有什么问题？
4. 为什么在策略神经网络中使用 softmax？
5. 为什么需要优势函数？
6. 对于 LunarLander 问题，重复训练，并且不进行奖励重新设计（reward shaping），看看 agent 学习的速度比本章中的更快还是更慢。

扩展阅读

- Asynchronous Methods for Deep Reinforcement Learning, by Volodymyr Mnih, Adrià Puigdomènech Badia, Mehdi Mirza, Alex Graves, Timothy P. Lillicrap, Tim Harley, David Silver, and Koray Kavukcuoglu, A3C paper from DeepMind arXiv:1602.01783: https://arxiv.org/abs/1602.01783
- Deep Reinforcement Learning Hands-On, by Maxim Lapan, Packt Publishing: https://www.packtpub.com/big-data-and-business-intelligence/deep-reinforcement-learning-hands

第 7 章
信任区域策略优化和近端策略优化

第 6 章介绍了 A3C 和 A2C 的使用，前者是异步的，后者是同步的。本章将介绍另外的关于同步策略**强化学习**算法。准确地讲，这两个算法在数学上有很多相似之处，但在解决方法上却有所不同。一种称为信任区域策略优化（Trust Region Policy Optimization，TRPO）算法，该算法是由 OpenAI 和加州大学伯克利分校的研究人员于 2015 年提出的。然而，该算法在数学上很难求解，因为它涉及共轭梯度算法。请注意，一阶优化方法，如建立良好的 Adam 和随机梯度下降（SGD），不能用于求解 TRPO 方程。本章还介绍如何将求解策略优化方程并合并为一个，从而产生近端策略优化（Proximal Policy Optimization，PPO）算法，并且可以使用一阶优化算法，如 Adam 或 SGD。

本章包括如下主题：
- 学习 TRPO
- 学习 PPO
- 使用 PPO 解决山地车问题
- 评估性能

7.1 技术需求

为了成功完成本章内容的学习，需要安装以下软件：
- Python（2 或以上）
- Numpy
- TensorFlow（版本 1.4 或以上）

7.2 学习 TRPO

TRPO 是 OpenAI 和加州大学伯克利分校于 2015 年提出的一个非常流行的同步策略算法。TRPO 有多种变种，本章将从论文 Trust Region Policy Optimization 了解 vanilla TRPO，作者是 John Schulman、Sergey Levine、Philipp Moritz、Michael I.Jordan 和 Pieter Abbel，arXiv:1502.05477:https:///arxiv.org/abs/1502.05477。

TRPO 涉及在策略更新的大小受到额外限制的情况下求解策略优化方程。下面进行介绍。

TRPO 方程

TRPO 涉及当前策略分配比例 π_θ 与旧策略分配比例 π_θ^{old}（即较早的时间步长）的期望值的最大化，乘以优势函数 A_t，约束条件是新老策略分布的 Kullback-Leibler（KL）散度的期望值不大于用户指定值 δ：

$$\text{maximize } E[\frac{\pi_\theta(a_t|s_t)}{\pi_\theta^{old}(a_t|s_t)} A_t]$$

$$\text{subject to } E[KL(\pi_\theta^{old}(\cdot|s_t), \pi_\theta(\cdot|s_t))] \leq \delta$$

第一个方程是策略目标，第二个方程是一个附加约束。为了确保策略更新是渐进的，并且不会进行大的策略更新，从而将策略带到参数空间非常远的区域。

由于有两个需要联合优化的方程，Adam 和 SGD 等一阶优化算法将不起作用。相反，用共轭梯度算法求解方程，对第一个方程进行线性逼近，对第二个方程进行二次逼近。然而，这涉及很多数学知识，所以不在本书中介绍。本书将使用 PPO 算法，它相对容易编程实现。

7.3 学习 PPO

PPO 是 TRPO 的扩展，由 OpenaAI 的研究人员于 2017 年引入。PPO 也是一种同步策略算法，可以应用于离散动作问题和连续动作问题。它使用与 TRPO 中相同的策略分布比率，但不使用 KL 散度约束。具体来说，PPO 使用三个损失函数，将它们合而为一。下面介绍三个损失函数。

PPO 损失函数

PPO 中涉及的三个损失函数中的第一个称为裁剪替代目标。用 $r_t(\theta)$ 表示新旧策略概率分布的比率：

$$r_t(\theta) = \frac{\pi_\theta(a_t|s_t)}{\pi_\theta^{old}(a_t|s_t)}$$

裁剪替代目标由以下方程给出，其中 A_t 是优势函数，ε 是超参数，通常使用 ε=0.1 或 0.2：

$$L^{clip}(\theta) = E[\min(r_t A_t, \text{clip}(r_t, 1-\varepsilon, 1+\varepsilon) A_t)]$$

clip( ) 函数将比率限制在 1-ε 和 1+ε 之间，从而使比率保持在范围内。min( ) 函数是确保目标是未裁剪目标下限的最小化函数。

第二个损失函数是状态值函数的 L2 范数：

$$L^V(\theta) = E[(V(s_t) - V^{\text{target}})^2]$$

第三个损失函数是策略分布的香农熵，来源于信息论：

$$L^{\text{entropy}}(\theta) = E[-\log \pi_\theta(s_t)]$$

现在把这三个损失函数组合起来。注意，要最大化 L^{clip} 和 L^{entropy}，但是要最小化 L^V。因此，将总的 PPO 损失函数定义为如下方程，其中 c_1 和 c_2 是用于缩放的常数：

$$L^{\text{PPO}} = L^{\text{clip}} - c_1 L^V + c_2 L^{\text{entropy}}$$

注意，如果在策略和价值网络之间共享神经网络参数，那么前面的 L^{PPO} 损失函数就可以最大化。另一方面，如果对策略和价值有单独的神经网络，那么就可以有单独的损失函数，如下面的方程所示，其中 L^{policy} 最大化，l^{value} 最小化：

$$L^{\text{policy}} = L^{\text{clip}} + c_2 L^{\text{entropy}}$$

$$L^{\text{value}} = L^V$$

注意，常量 c_1 在后一种设置中是不需要的，这里为策略和值提供了单独的神经网络。神经网络参数通过一批数据点上的多个迭代步骤进行更新，其中更新步骤的数量由用户指定为超参数。

7.4 使用 PPO 解决 Mountain Car 问题

使用 PPO 解决 Mountain Car 问题。Mountain Car 问题是指一辆困在山谷里的车，它必须使用油门来加速对抗重力，并尝试从陡峭的山坡驶出山谷，到达山顶上的理想标志点。读者可以在 https://gym.openai.com/envs/MountainCar-v0/ 上看到 OpenAI Gym 关于 Mountain Car 问题的示意图。

这个问题非常具有挑战性，agent 不能仅仅从山的底部全速行驶，并试图到达标志点，因为山坡很陡，重力导致汽车不能获得足够的动力。最佳解决方案是让汽车先向后行驶，然后踩油门，以获得足够的冲量克服重力，并成功驶出山谷。

对下面两个文件进行编写，使用 PPO 解决 Mountain Car 问题：

- class_ppo.py
- train_test.py

7.4.1 编写 class_ppo.py

1）**导入包**：首先导入必需的包：

```
import numpy as np
import gym
import sys
```

2）**设置神经网络初始化器**：设置神经网络参数（将使用两个隐藏层）和参数以及偏置的初始化。正如在前面的章节中那样，使用 Xavier 初始化权重，并且使用一个小正数作为偏置的初始值：

```
nhidden1 = 64
nhidden2 = 64



xavier = tf.contrib.layers.xavier_initializer()
bias_const = tf.constant_initializer(0.05)
rand_unif =
tf.keras.initializers.RandomUniform(minval=-3e-3,maxval=3e-3)
regularizer = tf.contrib.layers.l2_regularizer(scale=0.0
```

3）**定义 PPO 类**：使用传递给类的参数定义 __init__( ) 构造器。这里，sess 是 TensorFlow 会话；S_DIM 和 A_DIM 分别是状态维度以及行为维度；A_LR 和 C_LR 分别是 actor 和 critic 的学习率；A_UPDATE_STEPS 和 C_UPDATE_STEPS 分别是 actor 和 critic 的更新步骤的数量；CLIP_METHOD 存储 ε 值：

```
class PPO(object):

    def __init__(self, sess, S_DIM, A_DIM, A_LR, C_LR,
A_UPDATE_STEPS, C_UPDATE_STEPS, CLIP_METHOD):
        self.sess = sess
        self.S_DIM = S_DIM
        self.A_DIM = A_DIM
        self.A_LR = A_LR
        self.C_LR = C_LR
        self.A_UPDATE_STEPS = A_UPDATE_STEPS
        self.C_UPDATE_STEPS = C_UPDATE_STEPS
        self.CLIP_METHOD = CLIP_METHOD
```

4）**定义 TensorFlow 占位符**：tfs 是状态的占位符，tfdc_r 是折扣奖励的占位符，tfa 是动作的占位符，tfadv 是优势函数的占位符：

```
# tf placeholders
self.tfs = tf.placeholder(tf.float32, [None, self.S_DIM], 'state')
self.tfdc_r = tf.placeholder(tf.float32, [None, 1], 'discounted_r')
self.tfa = tf.placeholder(tf.float32, [None, self.A_DIM], 'action')
self.tfadv = tf.placeholder(tf.float32, [None, 1], 'advantage')
```

5）**定义 critic**：定义 critic 神经网络。使用 state(s_t) 占位符 self.tfs 作为神经网络的输入。使用两个隐含层和 Relu 激活函数，每个隐含层分别包括 nhidden1 和 nhidden2 个神经元（之前 nhidden1 和 nhidden2 均设置为 64）。输出层有一个神经元输出状态价值函数 $V(s_t)$，因此输出时不使用激活函数。然后将优势函数计算为折扣累计奖励之间的差值，储存在 self.tfdc_r 占位符里。self.v 输出计算得到的值。critic 的损失函数被计算为 L2 范数，critic 使用 Adam 优化器训练，目标是最小化这种 L2 损失。

注意，这个损失函数与本章前面理论部分提到的 L^{value} 相同：

```
# critic
with tf.variable_scope('critic'):
    l1 = tf.layers.dense(self.tfs, nhidden1, activation=None,
kernel_initializer=xavier, bias_initializer=bias_const,
kernel_regularizer=regularizer)
    l1 = tf.nn.relu(l1)
    l2 = tf.layers.dense(l1, nhidden2, activation=None,
kernel_initializer=xavier, bias_initializer=bias_const,
kernel_regularizer=regularizer)
    l2 = tf.nn.relu(l2)
    self.v = tf.layers.dense(l2, 1, activation=None,
kernel_initializer=rand_unif, bias_initializer=bias_const)
    self.advantage = self.tfdc_r - self.v
    self.closs = tf.reduce_mean(tf.square(self.advantage))
    self.ctrain_op =
tf.train.AdamOptimizer(self.C_LR).minimize(self.closs)
```

6）**调用 _build_anet 函数**：使用 _build_anet( ) 函数来定义 actor。具体来说，策略分布和模型参数列表都是从这个函数输出的。对当前策略调用该函数一次，对旧策略调用该函数一次。均值和标准差可以通过分别调用 mean( ) 函数和 stddev( ) 函数由 self.pi 得到：

```
# actor
self.pi, self.pi_params = self._build_anet('pi', trainable=True)
self.oldpi, self.oldpi_params = self._build_anet('oldpi',
trainable=False)

self.pi_mean = self.pi.mean()
self.pi_sigma = self.pi.stddev()
```

7）**行为采样**：对于策略分布，还可以使用 self.pi.sample( ) 函数对行为进行采样，该函数是 TensorFlow distributions 的一部分：

```
with tf.variable_scope('sample_action'):
    self.sample_op = tf.squeeze(self.pi.sample(1), axis=0)
```

8）**更新旧的策略参数**：只需使用 TensorFlow 的 assign( ) 函数将后者的值赋给前者，就可以使用新的策略参数更新旧的策略网络参数。注意新策略是经过优化的，旧策略只是当前策略的一个副本，尽管是一个更早的更新周期的副本：

```
with tf.variable_scope('update_oldpi'):
    self.update_oldpi_op = [oldp.assign(p) for p, oldp in
zip(self.pi_params, self.oldpi_params)]
```

9）**计算策略分布比率**：策略的分布比率是在 self.tfa 行为处计算，并存储在 self.ratio 中。注意指数分布的对数之差等于分布之比。然后这个比例被调整以将其限制在 $1-\varepsilon$ 和 $1+\varepsilon$ 之间，如上文所述：

```
with tf.variable_scope('loss'):
    self.ratio = tf.exp(self.pi.log_prob(self.tfa) -
self.oldpi.log_prob(self.tfa))
    self.clipped_ratio = tf.clip_by_value(self.ratio, 1.-
self.CLIP_METHOD['epsilon'], 1.+self.CLIP_METHOD['epsilon'])
```

10）**计算损失**：如前所述，策略的总损失包括三种损失，当策略神经网络和价值神经网络共享权重时，它们合并在一起。但是，由于考虑了本章前面理论中提到的另一种设置，在该设置中为策略和价值使用了单独的神经网络，因此策略优化将有两个损失：第一个是未限制比率和优势函数与其限制的模拟量之积的最小值，这个值存储在 self.aloss 中；第二个损失是香农熵，它是策略分布和其对数的乘积，求和后加上一个负号。这一项用超参数 c_1=0.01 进行缩放，并从损失中减去。目前，熵损失项设置为零，就像 PPO 论文中一样。可以考虑稍后将熵损失包括进来，看看它对学习策略是否有任何影响。使用 Adam 优化器。请注意，需要最大化本章前面理论中提到的原始策略损失，但是 Adam 优化器具有 minimum( ) 函数，所以在 self.aloss 中包含了一个负号(参见下面代码的第一行)，将损失最大化等同于将其负值最小化：

```
self.aloss = -tf.reduce_mean(tf.minimum(self.ratio*self.tfadv,
self.clipped_ratio*self.tfadv))

# entropy

entropy = -tf.reduce_sum(self.pi.prob(self.tfa)*
tf.log(tf.clip_by_value(self.pi.prob(self.tfa),1e-10,1.0)),axis=1)
entropy = tf.reduce_mean(entropy,axis=0)
self.aloss -= 0.0 #0.01 * entropy


with tf.variable_scope('atrain'):
    self.atrain_op =
tf.train.AdamOptimizer(self.A_LR).minimize(self.aloss)
```

11) 定义更新函数：定义 update( ) 函数，它将 s 状态、a 行为和 r 奖励作为参数。它涉及通过调用 TensorFlow self.update_oldpi_op 操作来运行有关更新旧策略网络参数的 TensorFlow 会话。然后计算优势函数，将其与状态、动作一起用于更新 A_UPDATE_STEPS actor 迭代次数。接下来在 critic 训练操作上运行 TensorFlow 会话，通过 C_UPDATE_STEPS 迭代次数更新 critic：

```
def update(self, s, a, r):
    self.sess.run(self.update_oldpi_op)
    adv = self.sess.run(self.advantage, {self.tfs: s, self.tfdc_r:
r})

    # update actor
    for _ in range(self.A_UPDATE_STEPS):
        self.sess.run(self.atrain_op, feed_dict={self.tfs: s,
self.tfa: a, self.tfadv: adv})
    # update critic
    for _ in range(self.C_UPDATE_STEPS):
        self.sess.run(self.ctrain_op, {self.tfs: s, self.tfdc_r:
r})
```

12) 定义 _build_anet 函数：定义前面使用的 _build_anet( ) 函数。它将计算策略分布，该分布被视为高斯分布(即正态分布)。它以 self.tfs 状态占位符作为输入，具有 nhidden1 和 nhidden2 神经元两个隐藏层，并使用 Relu 激活函数。然后将其发送到两个输出层单元，输出的行为维数为 A_DIM，其中一个输出表示平均值 mu，另一个表示标准差 sigma。

注意，动作的均值是有界的，因此使用 tanh 激活函数，包括一个小的约束以避免边缘值。对于 sigma，使用 softplus 激活函数，移动 0.1 以避免值为零。一旦有了行为的均值和标准差，TensorFlow 分布的正态性就被用来将策略视为高斯分布。也可以调用 tf.get_collection( ) 来获取模型参数，函数返回正态分布和模型参数：

```
def _build_anet(self, name, trainable):
    with tf.variable_scope(name):
        l1 = tf.layers.dense(self.tfs, nhidden1, activation=None,
trainable=trainable, kernel_initializer=xavier,
bias_initializer=bias_const, kernel_regularizer=regularizer)
        l1 = tf.nn.relu(l1)
        l2 = tf.layers.dense(l1, nhidden2, activation=None,
trainable=trainable, kernel_initializer=xavier,
bias_initializer=bias_const, kernel_regularizer=regularizer)
        l2 = tf.nn.relu(l2)
        mu = tf.layers.dense(l2, self.A_DIM, activation=tf.nn.tanh,
trainable=trainable, kernel_initializer=rand_unif,
bias_initializer=bias_const)

        small = tf.constant(1e-6)
        mu = tf.clip_by_value(mu,-1.0+small,1.0-small)

        sigma = tf.layers.dense(l2, self.A_DIM, activation=None,
trainable=trainable, kernel_initializer=rand_unif,
bias_initializer=bias_const)
        sigma = tf.nn.softplus(sigma) + 0.1

        norm_dist = tf.distributions.Normal(loc=mu, scale=sigma)
        params = tf.get_collection(tf.GraphKeys.GLOBAL_VARIABLES,
scope=name)
    return norm_dist, params
```

13）定义 choose_action 函数：这个函数从策略中采样以获取行为：

```
def choose_action(self, s):
    s = s[np.newaxis, :]
    a = self.sess.run(self.sample_op, {self.tfs: s})
    return a[0]
```

14）定义 get_v 函数：这个函数通过在 self.v 上运行 TensorFlow 会话返回状态值：

```
def get_v(self, s):
    if s.ndim < 2: s = s[np.newaxis, :]
    vv = self.sess.run(self.v, {self.tfs: s})
    return vv[0,0]
```

以上完成 class_ppo.py 的编码，下面对 train_test.py 进行编码。

7.4.2 编写 train_test.py

1）导入包：

```
import tensorflow as tf
import numpy as np
import matplotlib.pyplot as plt
```

```python
import gym
import sys
import time

from class_ppo import *
```

2）定义函数：定义一个用于奖励重新设计的函数，它将分别对表现好的和表现不好的行为提供一些额外的奖励和惩罚。这样做是为了鼓励汽车朝着山顶上标志点的一侧上升。如果没有奖励，学习将会很慢：

```python
def reward_shaping(s_):

    r = 0.0

    if s_[0] > -0.4:
        r += 5.0*(s_[0] + 0.4)
    if s_[0] > 0.1:
        r += 100.0*s_[0]
    if s_[0] < -0.7:
        r += 5.0*(-0.7 - s_[0])
    if s_[0] < 0.3 and np.abs(s_[1]) > 0.02:
        r += 4000.0*(np.abs(s_[1]) - 0.02)

    return r
```

3）选择 MountainCarContinuous 为环境。训练 agent 的总回合数表示为 EP_MAX，并设置为 1000。GAMMA 折扣因子设置为 0.9，学习率设置为 2e-4。使用的批处理大小为 32，每个周期执行 10 个更新步骤。获取状态维度和动作维度，并分别存储在 S_DIM 和 A_DIM 中。对于 PPO 修剪参数 ε，将其值设置为 0.1。train_test 设置为 0 时表示对 agent 进行训练，为 1 时表示测试：

```python
env = gym.make('MountainCarContinuous-v0')

EP_MAX = 1000
GAMMA = 0.9

A_LR = 2e-4
C_LR = 2e-4

BATCH = 32
A_UPDATE_STEPS = 10
C_UPDATE_STEPS = 10

S_DIM = env.observation_space.shape[0]
A_DIM = env.action_space.shape[0]

print("S_DIM: ", S_DIM, "| A_DIM: ", A_DIM)

CLIP_METHOD = dict(name='clip', epsilon=0.1)

# train_test = 0 for train; =1 for test
train_test = 0

# irestart = 0 for fresh restart; =1 for restart from ckpt file
irestart = 0
```

```
iter_num = 0

if (irestart == 0):
  iter_num = 0
```

4）**创建一个 TensorFlow 会话，称为 sess**。创建 PPO 类的一个实例，称为 PPO。创建一个 TensorFlow 存储器。如果从头开始训练，通过调用 tf.global_variables_initializer( ) 来初始化所有的模型参数，或者从保存的 agent 继续训练或测试，那么从 ckpt/model 路径恢复模型参数：

```
sess = tf.Session()

ppo = PPO(sess, S_DIM, A_DIM, A_LR, C_LR, A_UPDATE_STEPS,
C_UPDATE_STEPS, CLIP_METHOD)

saver = tf.train.Saver()


if (train_test == 0 and irestart == 0):
  sess.run(tf.global_variables_initializer())
else:
  saver.restore(sess, "ckpt/model")
```

5）**定义回合的主 for 循环**。重置环境，并将缓冲区设置为空列表。终端布尔值 done 和时间步长 t 也被初始化：

```
for ep in range(iter_num, EP_MAX):

    print("-"*70)
    s = env.reset()

    buffer_s, buffer_a, buffer_r = [], [], []
    ep_r = 0

    max_pos = -1.0
    max_speed = 0.0
    done = False
    t = 0
```

在外部循环内部，有随时间步长变化的内部 while 循环。由于涉及短时间步长内汽车可能不会显著移动的问题，因此使用粘性操作，即每 8 个时间步长，仅从策略中采样一次。PPO 类中的 choose_action( ) 函数将对给定状态的操作进行采样。根据 MountainCarContinuous 环境的需要，将一个小高斯噪声添加到要探索的行为中，并将其调整到 −1.0~1.0 范围。然后，该操作被输入到环境的 step( ) 函数中，该函数将输出下一个 s_ 状态、r 奖励和终端 done（布尔类型）。reward_shaping( ) 函数的作用是制造奖励。为了跟踪 agent 的极限推进距离，还分别用 max_pos 和 max_speed 计算了 agent 的最远距离位置和最大速度：

```
while not done:
    env.render()

    # sticky actions
    #if (t == 0 or np.random.uniform() < 0.125):
```

```python
    if (t % 8 ==0):
      a = ppo.choose_action(s)

    # small noise for exploration
    a += 0.1 * np.random.randn()

    # clip
    a = np.clip(a, -1.0, 1.0)

    # take step
    s_, r, done, _ = env.step(a)
    if s_[0] > 0.4:
        print("nearing flag: ", s_, a)

    if s_[0] > 0.45:
      print("reached flag on mountain! ", s_, a)
      if done == False:
        print("something wrong! ", s_, done, r, a)
        sys.exit()

    # reward shaping
    if train_test == 0:
      r += reward_shaping(s_)

    if s_[0] > max_pos:
        max_pos = s_[0]
    if s_[1] > max_speed:
        max_speed = s_[1]
```

6）如果在训练模式中，状态、动作和奖励会被附加到缓冲区。新状态被设置为当前状态，如果事件还没有结束，将进入下一个时间步长。回合总奖励 ep_r 和时间步长 t 也会更新：

```python
    if (train_test == 0):
       buffer_s.append(s)
       buffer_a.append(a)
       buffer_r.append(r)

    s = s_
    ep_r += r
    t += 1
```

如果在训练模式下，样本数量等于一批量，或者回合已经结束，将训练神经网络。为此，首先使用 ppo.get_v 获取新状态的状态值，然后计算折扣奖励。缓冲区列表也被转换为 NumPy 数组，且重置为空列表。这些 bs、ba 和 br NumPy 数组用于更新 ppo 对象的 actor 和 critic 网络：

```python
    if (train_test == 0):
       if (t+1) % BATCH == 0 or done == True:
          v_s_ = ppo.get_v(s_)
          discounted_r = []
          for r in buffer_r[::-1]:
              v_s_ = r + GAMMA * v_s_
              discounted_r.append(v_s_)
          discounted_r.reverse()

          bs = np.array(np.vstack(buffer_s))
```

```
        ba = np.array(np.vstack(buffer_a))
        br = np.array(discounted_r)[:, np.newaxis]

        buffer_s, buffer_a, buffer_r = [], [], []
        ppo.update(bs, ba, br)
```

7）如果在测试模式下，为了显示更佳界面，Python 会短暂地暂停。如果回合已经终止，则使用 break 语句退出 while 循环。然后，在屏幕上打印最远位置和最大速度值，并将它们连同回合奖励一起写入名为 performance.txt 的文件中。每10个回合调用 saver.save 保存一次：

```
    if (train_test == 1):
        time.sleep(0.1)

    if (done == True):
        print("values at done: ", s_, a)
        break

    print("episode: ", ep, "| episode reward: ", round(ep_r,4), "| time steps: ", t)
    print("max_pos: ", max_pos, "| max_speed:", max_speed)

    if (train_test == 0):
      with open("performance.txt", "a") as myfile:
            myfile.write(str(ep) + " " + str(round(ep_r,4)) + " " + str(round(max_pos,4)) + " " + str(round(max_speed,4)) + "\n")

    if (train_test == 0 and ep%10 == 0):
        saver.save(sess, "ckpt/model")
```

以上完成 PPO 的编码，接下来在 MountainCarContinuous 问题上评估它的性能。

7.5 评估性能

PPOagent 通过下面的命令进行训练：

python train_test.py

一旦训练完成，可以通过下面的设置进行测试：

```
train_test = 1
```

再次重复 python train_test.py。通过对 agent 的可视化，可以观察到小车首先向后移动，爬上左边的山。然后，它全速前进，并获得足够的动力爬上右侧陡峭的山坡，最终到达山顶。因此，PPO agent 已经学会了成功地将车开出山谷。

7.6 马力全开

注意，必须先向后行驶，然后踩油门，以便有足够的动力，并成功地驶出山谷。如果第一步就踩油门，结果如何呢？可以通过编写代码并运行 mountaincar_full_throttle.py 来试试看。

将行为设置为 1.0，这代表着马力全开：

```python
import sys
import numpy as np
import gym

env = gym.make('MountainCarContinuous-v0')

for _ in range(100):
    s = env.reset()
    done = False

    max_pos = -1.0
    max_speed = 0.0
    ep_reward = 0.0

    while not done:
        env.render()
        a = [1.0] # step on throttle
        s_, r, done, _ = env.step(a)

        if s_[0] > max_pos: max_pos = s_[0]
        if s_[1] > max_speed: max_speed = s_[1]
        ep_reward += r

    print("ep_reward: ", ep_reward, "| max_pos: ", max_pos, "| max_speed: ", max_speed)
```

从训练过程中产生的视频可以明显看出，小车无法摆脱重力的作用，仍然被困在山谷底部。

7.7 随机发力

如果尝试随机油门值，例如使用 −1.0~1.0 范围内的随机操作对 mountaincar_random_throttle.py 进行编码：

```python
import sys
import numpy as np
import gym

env = gym.make('MountainCarContinuous-v0')

for _ in range(100):
    s = env.reset()
    done = False

    max_pos = -1.0
    max_speed = 0.0
    ep_reward = 0.0

    while not done:
        env.render()
        a = [-1.0 + 2.0*np.random.uniform()]
        s_, r, done, _ = env.step(a)

        if s_[0] > max_pos: max_pos = s_[0]
        if s_[1] > max_speed: max_speed = s_[1]
        ep_reward += r
```

```
print("ep_reward: ", ep_reward, "| max_pos: ", max_pos, "| max_speed: ", max_speed)
```

结果是小车仍然困在底部。因此，RLagent 计算得出的最佳策略是先向后走，然后踩油门，到达山顶。

总结

本章介绍了 TRPO 和 PPO 两种强化学习算法。TRPO 涉及两个需要解决的方程，第一个方程是策略目标，第二个方程是关于更新多少的约束。TRPO 需要二阶优化方法，如共轭梯度法。为了简化此过程，引入了 PPO 算法，将策略比率限制在用户指定的范围内，以保持渐进的更新。此外，还介绍了使用从经验中收集的数据样本来更新 actor 和 critic，以执行多个迭代步骤。最后对 PPOagent 进行了 MountainCar 问题的训练，这是一个具有挑战性的问题，因为 actor 必须先将车向后移动一段距离，然后加速以获得足够的冲量克服重力，到达右边山上的标志点，而全马力策略或随机马力策略都不能帮助 agent 实现其目标。

本章研究了几种强化学习算法。下一章将使用 DDPG 和 PPO 来训练一个 agent 自动驾驶汽车。

思考题

1. 可以在 TRPO 中应用 Adam 或 SGD 优化吗？
2. 熵项在策略优化中的作用是什么？
3. 为什么要削减策略比率？如果裁减参数 ε 很大会发生什么？
4. 为什么对 mu 使用激活函数 tanh，而对 sigma 使用激活函数 softplus？能用激活函数 tanh 来计算 sigma 吗？
5. 奖励在训练中总是有帮助吗？
6. 当测试一个已经训练好的 agent 时需要奖励吗？

扩展阅读

- Trust Region Policy Optimization, John Schulman, Sergey Levine, Philipp Moritz, Michael I. Jordan, Pieter Abbeel, arXiv:1502.05477 (TRPO paper): https://arxiv.org/abs/1502.05477
- Proximal Policy Optimization Algorithms, John Schulman, Filip Wolski, Prafulla Dhariwal, Alec Radford, Oleg Klimov, arXiv:1707.06347 (PPO paper): https://arxiv.org/abs/1707.06347
- Deep Reinforcement Learning Hands-On, Maxim Lapan, Packt Publishing: https://www.packtpub.com/big-data-and-business-intelligence/deepreinforcement-learning-hands

第 8 章
深度强化学习在自动驾驶中的应用

当前,自动驾驶是最热门的技术革命之一。它极大地改变人类对交通运输的看法,大幅降低差旅成本并提高安全性。为此,自动驾驶车辆开发社区使用了几种最先进的算法。这些算法包括但不限于感知、定位、路径规划和控制。感知涉及识别自动驾驶车辆周围的环境——行人、汽车和自行车等。定位涉及在预先计算的环境地图中识别车辆的精确位置或姿势。顾名思义,路径规划是规划自动驾驶车辆的路径的过程,无论是长期(例如,从 A 点到 B 点),还是短期(例如,接下来的 5s)。控制是所需路径的实际执行,包括规避动作。**强化学习**广泛用于自动驾驶车辆的路径规划和控制,无论是城市道路驾驶还是高速公路驾驶。

本章使用 The Open Racing Car Simulator(TORCS)模拟器来训练 RLagent,以成功学习自动驾驶。虽然 CARLA 模拟器更加强大,并且具有逼真的渲染效果,但 TORCS 更易于使用,因此是首选。感兴趣的读者在学习完本书后可以尝试在 CARLA 模拟器上训练 RLagents。

本章将介绍以下内容:
- 学习使用 TORCS
- 训练**深层确定性策略梯度**(DDPG)agent 以学习驾驶
- 训练**近端策略优化**(PPO)agent

8.1 技术需求

学习本章内容,需要具备以下的基础:
- Python(版本 2 or 3)
- NumPy
- Matplotlib
- TensorFlow(版本 1.4 或者更高)
- TORCS 模拟器

8.2 汽车驾驶模拟器

在自动驾驶中应用强化学习需要使用强大的汽车驾驶模拟器，因为 RLagent 不能直接在道路上进行训练。一些研究团体已经开发了几种开源汽车驾驶模拟器，每种模拟器都有自己的优点和缺点。其中的一些开源汽车驾驶模拟器如下：

- CARLA
  - http://vladlen.info/papers/carla.pdf
  - 在 Intel 实验室开发
  - 适用于城市驾驶
- TORCS
  - http://torcs.sourceforge.net/
  - 赛车
- DeepTraffic
  - https://selfdrivingcars.mit.edu/deeptraffic/
  - 在 MIT 开发
  - 适用于高速公路驾驶

8.3 学习使用 TORCS

首先学习如何使用 TORCS 模拟器，这是一个开源模拟器。用户可以从 http://torcs.sourceforge.net/index.php?name=Sectionsop=viewarticleartid=3 获取下载说明，在 Linux 系统下安装的重要步骤总结如下：

1）从 https://sourceforge.net/projects/torcs/files/all-in-one/1.3.7/torcs-1.3.7.tar.bz2/download 下载 torcs-1.3.7.tar.bz2 文件。

2）通过语句 tar xfvjtorcs-1.3.7.tar.bz2 解压文件包。

3）运行以下命令：

- cd torcs-1.3.7
- ./configure
- make
- make install
- make datainstall

4）默认安装目录：

- /usr/local/bin: TORCS 命令（目录在用户的 PATH 中）
- /usr/local/lib/torcs: TORCS 动态库（如果用户不使用 TORCS shell，目录必须在用户的 LD_LIBRARY_PATH 中）
- /usr/local/share/games/torcs: TORCS 数据文件

通过运行 torcs 命令（默认位置为 /usr/local/bin/torcs），可以打开 TORCS 模拟器。然后可以选择所需的设置，包括汽车、赛道等。模拟器也可以当作电子游戏，但本书使用它来训练 RLagent。

8.3.1 状态空间

接下来将为 TORCS 定义状态空间。竞赛软件手册文件（http://arxiv.org/pdf/1304.1672. pdf）提供了模拟器可用状态参数的概要。使用以下条目作为状态空间，括号中的数字表示条目数：

- angle（角度）：汽车方向和轨道之间的角度（1）
- track（轨道）：提供从 −90°~+90° 之间每 10° 测量轨道的终点。它有 19 个实数值，可以计算出最终值（19）
- trackPos（跟踪位置）：汽车与履带轴之间的距离（1）
- speedX（X 方向的速度）：汽车纵向速度（1）
- speedY（Y 方向的速度）：汽车横向速度（1）
- speedZ（Z 方向的速度）：Z 方向的汽车速度；实际上并不需要，但暂时保留它（1）
- wheelSpinVel（轮速）：汽车四轮转速（4）
- r/min（转速）：汽车发动机的转速（1）

为了更好地理解这里列出的变量，请参阅前文提到的文档，包括它们的可用范围。对实值项的个数求和，注意到状态空间是一个大小为 1+19+1+1+1+1+4+1=29 的有实际值的向量。行为空间大小为 3：转向、加速和制动。转向在 [−1,1] 范围内，加速和制动在 [0,1] 范围内。

8.3.2 支持文件

开源社区还开发了两个 Python 文件，它们是 TORCS 的 Python 接口，以便用户可以从 Python 命令中调用 TORCS。此外，自动启动 TORCS 需要另一个 sh 文件。这三个文件如下：

- gym_torcs.py
- snakeoil3_gym.py
- autostart.sh

这些文件包含在本章的代码文件中（https://github.com/PacktPublishing/TensorFlow- Reinforcement-Learning-Quick-Start-Guide），也可以从谷歌搜索。在 gym_torcs.py 的大约 130~160 行中，设置了奖励函数。下列代码将原始模拟器状态转换为 NumPy 数组：

```
# Reward setting Here #####################################
# direction-dependent positive reward
track = np.array(obs['track'])
trackPos = np.array(obs['trackPos'])
sp = np.array(obs['speedX'])
damage = np.array(obs['damage'])
rpm = np.array(obs['rpm'])
```

奖惩功能设置为：奖励沿轨道的更高纵向速度（角度项的余弦），惩罚横向速度（角度项的正弦）。轨道位置也受到惩罚，理想情况下，如果该值为零表示位于轨道中心；为 +1 或 −1 表示位于轨道边缘，这是不希望的结果，因此会受到惩罚：

```
progress = sp*np.cos(obs['angle']) - np.abs(sp*np.sin(obs['angle'])) - sp *
np.abs(obs['trackPos'])
reward = progress
```

只要车辆偏离轨道或 agent 的进度被卡住，就使用以下代码终止事件：

```
if (abs(track.any()) > 1 or abs(trackPos) > 1): # Episode is terminated if
the car is out of track
    print("Out of track ")
    reward = -100 #-200
    episode_terminate = True
    client.R.d['meta'] = True

if self.terminal_judge_start < self.time_step: # Episode terminates if the
progress of agent is small
    if progress < self.termination_limit_progress:
        print("No progress", progress)
        reward = -100 # KAUSHIK ADDED THIS
        episode_terminate = True
        client.R.d['meta'] = True
```

下面准备训练 RLagent 以成功使用 TORCS 驾驶汽车。

8.4 训练 DDPG agent 来学习驾驶

大多数 DDPG 代码与第 5 章中的相同，这里只总结不同的地方。

8.4.1 编写 ddpg.py

TORCS 的状态维度是 29，行为维度是 3，在 ddpg.py 中设置如下：

```
state_dim = 29
action_dim = 3
action_bound = 1.0
```

8.4.2 编写 AandC.py

对于 actor and critic 文件 AandC.py 也需要修改。尤其需要注意的是，Actor-Network 类中的 create_actor_network 有两个隐藏层，分别包含 400 和 300 个神经元。此外，输出包括三个动作：转向、加速和制动。由于转向在 [−1,1] 范围内，因此使用激活函数 tanh；加速度和制动值在 [0,1] 范围内，因此使用激活函数 sigmoid。然后沿着轴维度 1 连接它们，这是 actor 策略的输出：

```
def create_actor_network(self, scope):
    with tf.variable_scope(scope, reuse=tf.AUTO_REUSE):
        state = tf.placeholder(name='a_states', dtype=tf.float32,
shape=[None, self.s_dim])
        net = tf.layers.dense(inputs=state, units=400, activation=None,
kernel_initializer=winit, bias_initializer=binit, name='anet1')
        net = tf.nn.relu(net)
```

```python
            net = tf.layers.dense(inputs=net, units=300, activation=None,
kernel_initializer=winit, bias_initializer=binit, name='anet2')
            net = tf.nn.relu(net)
            steering = tf.layers.dense(inputs=net, units=1,
activation=tf.nn.tanh, kernel_initializer=rand_unif,
bias_initializer=binit, name='steer')
            acceleration = tf.layers.dense(inputs=net, units=1,
activation=tf.nn.sigmoid, kernel_initializer=rand_unif,
bias_initializer=binit, name='acc')
            brake = tf.layers.dense(inputs=net, units=1,
activation=tf.nn.sigmoid, kernel_initializer=rand_unif,
bias_initializer=binit, name='brake')
            out = tf.concat([steering, acceleration, brake], axis=1)

            return state, out
```

同样，criticNetwork 类里面的 create_critic_network( ) 函数产生包含两个隐藏层的神经网络，分别有 400 和 300 个神经元。代码如下所示：

```python
    def create_critic_network(self, scope):
        with tf.variable_scope(scope, reuse=tf.AUTO_REUSE):
            state = tf.placeholder(name='c_states', dtype=tf.float32,
shape=[None, self.s_dim])
            action = tf.placeholder(name='c_action', dtype=tf.float32,
shape=[None, self.a_dim])

            net = tf.concat([state, action],1)

            net = tf.layers.dense(inputs=net, units=400, activation=None,
kernel_initializer=winit, bias_initializer=binit, name='cnet1')
            net = tf.nn.relu(net)

            net = tf.layers.dense(inputs=net, units=300, activation=None,
kernel_initializer=winit, bias_initializer=binit, name='cnet2')
            net = tf.nn.relu(net)

            out = tf.layers.dense(inputs=net, units=1, activation=None,
kernel_initializer=rand_unif, bias_initializer=binit, name='cnet_out')
            return state, action, out
```

下面介绍在 TrainOrTest.py 中做的一些其他更改。

8.4.3 编写 TrainOrTest.py

从 gym_torcs 中导入 TORCS 环境，从而训练 RL agent，步骤如下：

1) **导入 TORCS**：从 gym_torcs 导入 TORCS 环境：

```python
from gym_torcs import TorcsEnv
```

2) **创建 env 变量**：使用以下命令创建一个 TORCS 环境变量：

```python
# Generate a Torcs environment
env = TorcsEnv(vision=False, throttle=True, gear_change=False)
```

3) **重新启动 TORCS**：由于已知 TORCS 存在内存泄漏错误，因此使用 relaunch=True，每 100 回合重置一次环境；否则重置没有任何参数，代码如下所示：

```
if np.mod(i, 100) == 0:
    ob = env.reset(relaunch=True) #relaunch TORCS every N episodes
due to a memory leak error
else:
    ob = env.reset()
```

4）**堆叠状态空间**：使用以下命令堆叠 29 维空间：

```
s = np.hstack((ob.angle, ob.track, ob.trackPos, ob.speedX,
ob.speedY, ob.speedZ, ob.wheelSpinVel/100.0, ob.rpm))
```

5）**每回合的时间步长**：每回合运行时需要选择时间步长（msteps）。对于前 100 回合，agent 没有学到太多东西，因此每回合可以选择 100 个时间步长；逐渐增加后面每回合的时间步长，直到达到 max_steps 的上限。

 此步骤并不重要，agent 的学习不依赖于每回合选择时间的步长。请随意尝试如何设置 msteps。

选择时间步长如下：

```
msteps = max_steps
if (i < 100):
    msteps = 100
elif (i >=100 and i < 200):
    msteps = 100 + (i-100)*9
else:
    msteps = 1000 + (i-200)*5
    msteps = min(msteps, max_steps)
```

6）**满负荷**：对于前 10 回合，满负荷对神经网络参数进行"预热"，然后再开始使用 actor 策略。请注意，TORCS 通常会学习大约 1500~2000 回合，因此前 10 回合不会对学习后期产生太大影响。代码如下所示：

```
# first few episodes step on gas!
if (i < 10):
    a[0][0] = 0.0
    a[0][1] = 1.0
    a[0][2] = 0.0
```

以上为使用 DDPG 玩 TORCS 游戏所需要修改的代码，其余代码与第 5 章中的代码相同。可以使用以下命令训练 agent：

python ddpg.py

输入 1 进行训练，0 用于测试预训练的 agent。根据所用计算机速度的不同，训练大约需要 2~5 天。这是一个有趣的问题，值得研究。每回合所经历的步长以及奖励都存储在 analyze_file.txt 中，可以绘制这个文件。每回合 TORCS 的时间步长如图 8.1 所示。

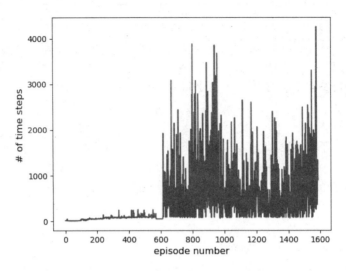

图 8.1 每回合 TORCS 的时间步长

由图可知，汽车在大约 600 回合之后已经学会合理地驾驶，在大约 1500 回合后会更有效率的驾驶。大约 300 个时间步长对应于赛道的一圈。因此，agent 能够在结束训练的情况下行驶超过 7~8 圈。更多 DDPGagent 驾驶的精彩视频，请参阅以下链接：https://www.youtube.com/watch?v=ajomz08hSIE。

8.5 训练 PPO agent

上文介绍了如何训练 DDPG agent 在 TORCS 环境里自动驾驶汽车。如何训练 PPO agent 则留给感兴趣的读者练习，这是一个很好的挑战。第 7 章中的 PPO 代码可以重复使用，这些代码已经对 TORCS 环境进行了必要的更改。TORCS 的 PPO 代码也在代码库中提供 (https://github.com/PacktPublishing/TensorFlow-Reinforcement-Learning-Quick-Start-Guide)，感兴趣的读者可以仔细阅读该代码。PPO agent 在 TORCS 中驾驶汽车的视频请参阅以下链接：https://youtu.be/uE8QaJQ7zDI。

读者面临的另一个挑战是使用**信任区域策略优化（TRPO）**来解决 TORCS 赛车问题。如果有兴趣的话欢迎尝试，它可以帮助读者更好地掌握强化学习算法。

总结

本章讨论了如何使用强化学习算法来训练 agent 学习自动驾驶汽车。首先安装了 TORCS 赛车模拟器，并学习了如何将它连接 Python 接口，以便训练 RL agent。本章还深入探讨了 TORCS 的状态空间以及每个术语的含义，然后使用 DDPG 算法训练 agent 以学习在 TORCS 中驾驶汽车。TORCS 中的视频渲染非常精彩。训练好了的 agent 能够在赛道上成功驾驶超过 7~8 圈。最后，还探讨了将 PPO 用于自动驾驶汽车，并将此留给感兴趣的读者的练习；这个代码在本书的库（repository）

中提供。

自动驾驶和机器人是当前非常热门的学术和行业研究领域，在这些领域有许多职位空缺。欢迎读者阅读有关强化学习应用于这些领域的更多在线资料。

思考题

1. 为什么不能将 DQN 用于 TORCS 问题？
2. 本书使用 Xavier 函数初始化神经网络权重。你还知道其他的权重初始值函数吗？使用它们 agent 的表现如何？
3. 为什么在奖励函数中使用 abs（）函数，为什么将它用于最后两个术语但不用于第一个术语？
4. 如何得到比视频中观察到的更平稳的驾驶？
5. 为什么在 DDPG 中使用重置缓冲区而在 PPO 中不使用？

扩展阅读

- Continuous control with deep reinforcement learning, Timothy P. Lillicrap, Jonathan J. Hunt, Alexander Pritzel, Nicolas Heess, Tom Erez, YuvalTassa, David Silver, DaanWierstra, arXiv:1509.02971 (DDPG paper): https://arxiv.org/abs/1509.02971
- Proximal Policy Optimization Algorithms, John Schulman, Filip Wolski, Prafulla Dhariwal, Alec Radford, Oleg Klimov, arXiv:1707.06347 (PPO paper): https://arxiv.org/abs/1707.06347
- TORCS: http://torcs.sourceforge.net/
- Deep Reinforcement Learning Hands-On, by Maxim Lapan, Packt Publishing: https://www.packtpub.com/big-data-and-business-intelligence/deepreinforcement-learning-hands

附录
思考题答案

第 1 章

1. 非策略强化学习算法需要重放缓冲区。从重放缓冲区中抽取了一小批经验，并用它来训练 DQN 中的动作 - 价值函数 $Q(S,a)$ 和 DDPG 中的 actor 策略。

2. 我们会低估奖励，因为 agent 的长期表现存在更多不确定性。因此，即时奖励具有更高的权重，下一个时间步长获得的奖励具有相对较低的权重，再下个时间步长获得的奖励具有更低的权重。

3. 如果 $\gamma > 1$，会导致 agent 的训练不稳定，无法学习最优策略。

4. 基于模型的 RL agent 可能会具有良好的性能，但不能保证它比无模型的 agent 表现更好，因为构建的环境模型不一定总是好的。当然，建立一个足够准确的环境模型也很困难。

5. 在深度强化学习中，深度神经网络用于 $Q(S,a)$ 和 actor 策略（后者在 Actor-Critic 背景中是真实的）。在传统的强化学习算法中使用表格 $Q(S,a)$，但是状态的数量非常大时是不能使用表格的，通常在大多数问题中都是这种情况。

第 3 章

1. 在 DQN 中使用重放缓冲区存储过去的经验，从中抽取一小批数据，并使用它来训练 agent。

2. 目标网络有助于保持训练的稳定性。这是通过额外的神经网络来实现的，该神经网络的权重使用主神经网络权重的指数移动平均值来更新。另一种常用的方法是每几千步就将主神经网络的权重复制到目标网络一次。

3. 状态的一帧对 Atari Breakout 问题没有帮助。这是因为时态信息不能只从一帧中获得。例如，仅在一帧中不能获得球的运动方向，但是如果叠加多个帧，则可以确定球的速度和加速度。

4. 由于 L2 损失过度拟合异常值。因此，Huber 损失是首选，因为它结合了 L2 和 L1 损耗。可以参考以下链接：https://en.wikipedia.org/wiki/Huber_loss。

5. 也可以使用 RGB 图像。但是，需要为神经网络的第一个隐藏层增加额外的权重，因为现在状态堆栈中的四个帧中，每个帧都有三个通道。Atari 不需要这么精细的状态空间细节。然而，RGB 图像可以在其他应用中发挥作用，例如自动驾驶或机器人。

第 4 章

1. DQN 高估了动作-价值函数 $Q(s,a)$。为了解决这个问题，引入了 DDQN。DDQN 表现得比 DQN 好。

2. 竞争网络结构的优势函数和状态价值函数有单独的流，将它们组合以获得 $Q(s,a)$。这种分支再组合的做法可以更稳定地训练 RL agent。

3. 先验经验重放（PER）更重视 agent 性能不佳的体验样本，因此与 agent 表现良好的其他样本相比，这些样本的采样频率更高。通过频繁使用 agent 表现不佳的样本，agent 能够时常地处理其弱点，因此 PER 可以加快训练速度。

4. 在一些计算机游戏中，例如 Atari Breakout，模拟器每秒的帧数太多了。如果每个时间步长从策略中对单独的操作进行采样，那么 agent 的状态可能在一个时间步长中不会改变，因为它太小。因此，当相同的动作在有限但固定数量的时间步长（例如 n）上重复时，使用粘性行为，并且在这 n 个时间步长累积的总奖励被用作所执行动作的奖励。在这 n 个时间步长中，agent 的状态已经发生相当大的变化，足够评估所采取动作的效力。n 太小会阻碍 agent 学习好的策略，太大也可能产生问题。必须选择执行相同操作的正确时间步长，这取决于所使用的模拟器。

第 5 章

1. DDPG 是一种异步策略算法，因为它使用重放缓冲区。

2. 一般来说，actor 和 critic 隐藏层和每个隐藏层的神经元数量相同，但这不是必须的。注意，对于 actor 和 critic，输出层是不同的。其中 actor 的输出数量等于动作的数量，而 critic 只有一个输出。

3. DDPG 用于连续控制，即动作是连续且实时的。Atari Breakout 有离散动作，因此 DDPG 不适合 Atari Breakout。

4. 使用 Relu 激活函数，因此偏差被初始化为小的正值，以便它们在训练开始时触发并允许梯度反向传播。

5. 详见 https://gym.openai.com/envs/InvertedDoublePendulum-v2/。

6. 注意当第一层中的神经元数量依次减少时学习会发生什么。一般来说，不仅在强化学习设置中会遇到信息瓶颈，在任何深度学习问题中都会遇到信息瓶颈。

第 6 章

1. Asynchronous Advantage Actor-Critic（A3C）Agents 是一种同步策略算法，因为不使用重放缓冲区来对数据进行采样。但临时缓冲区用于收集即时样本，训练一次，然后清空缓冲区。

2. 使用香农熵项作为正则化项，熵越大，策略越好。

3. 当使用太多 worker 线程时，由于内存有限，训练可能会减慢速度并崩溃。但是，如果可以访问大型处理器集群，那么使用大量 worker 线程/进程会比较好。

4. 在策略神经网络中使用 softmax 来获取不同操作的概率。

5. 优势函数被广泛使用，因为它减少了策略梯度的方差。A3C 论文 (https://arxiv.org/pdf/1602.01783.pdf) 的第 3 部分对此有更多的说明。

6. 略。

第 7 章

1. 信任区域策略优化（TRPO）具有目标函数和约束。因此，它需要二阶优化，例如共轭梯度。SGD 和 Adam 不适用于 TRPO。

2. 熵项有助于正则化。它允许 agent 探索更多机会。

3. 缩减策略比率以限制一个更新步骤更改策略的量。如果裁剪参数 ε 很大，则每次更新时策略都会发生巨大变化，这可能导致次优策略，因为 agent 的策略噪声较大且波动太多。

4. 这个动作被限制在负值和正值之间，因此激活函数 tanh 被用于 mu。softplus 用作 sigma，并且总是正的。激活函数 tanh 不能用于 sigma，因为 Tanh 会导致 sigma 的负值，这是没有意义的。

5. 奖励重新设计通常有助于训练。但是，如果做得不好，也无益于训练。必须确保完成奖励，以保持奖励功能的密集性以及在适当的范围内。

6. 不，奖励重新设计仅用于训练。

第 8 章

1. TORCS 是一个连续控制问题，DQN 仅适用于离散动作，因此不能在 TORCS 中使用。

2. 初始化是另一种初始策略。还可以使用指定范围的最小值和最大值的随机统一初始化。另一种方法是从均值为 0 和具有指定 sigma 值的高斯样本中采样。感兴趣的读者可以尝试这些不同的初始化程序并比较 agent 的性能。

3. 奖励函数中使用了 abs( ) 函数，因为在任一侧（左或右）均等地惩罚了从中心的横向漂移。第一项是纵向速度，因此不需要 abs( ) 函数。

4. 加到探测动作中的高斯噪声可以随着事件数的减少而逐渐减少，这可以使驾驶更平稳。

5. DDPG 是非策略性的，但近端策略优化（PPO）是同步策略强化学习算法。因此，DDPG 需要一个重放缓冲区来存储过去的经验样本，但 PPO 不需要重放缓冲区。